严寒地区应急医院
建设项目工程总承包管理研究

组织编写：中国建筑第二工程局有限公司

主　　编：刘建钊

中国建筑工业出版社

图书在版编目（CIP）数据

严寒地区应急医院建设项目工程总承包管理研究 /
中国建筑第二工程局有限公司组织编写；刘建钊主编
. —北京：中国建筑工业出版社，2021.6
ISBN 978-7-112-26258-8

Ⅰ.①严… Ⅱ.①中… ②刘… Ⅲ.①寒冷地区—传
染病医院—建筑工程—承包工程—工程项目管理—研究—
沈阳 Ⅳ.① TU246.1

中国版本图书馆 CIP 数据核字（2021）第 118349 号

责任编辑：陈夕涛　徐昌强　李　东
责任校对：张惠雯

严寒地区应急医院建设项目工程总承包管理研究
组织编写：中国建筑第二工程局有限公司
主编：刘建钊

*

中国建筑工业出版社出版、发行（北京海淀三里河路 9 号）
各地新华书店、建筑书店经销
逸品书装设计制版
天津翔远印刷有限公司印刷

*

开本：787 毫米×1092 毫米　1/16　印张：17¼　字数：320 千字
2021 年 6 月第一版　　2021 年 6 月第一次印刷
定价：**72.00** 元
ISBN 978-7-112-26258-8
（37621）

编　委　会

序

北方有我，用我必胜

2020年春节，突如其来的新冠肺炎疫情席卷全国，各地政府积极响应，尽全力组织各方资源，保卫人民的生命健康安全。在祖国的朔北，沈阳作为东北地区的中心城市，在疫情爆发后被辽宁省委、省政府定为东北地区首个新冠肺炎集中救治中心，决定即刻对沈阳市第六人民医院进行改造：新建50间总计2342m²的隔离病房、改造出48间总计4912m²的负压病房，成为东北疫情防控的第一道防线。

1月26日，农历大年初二，中建二局北方公司临危受命，火速集结团队投入沈阳市第六人民医院隔离病房新建及改建一期项目建设，面对极端严寒天气，二局铁军克服重重困难，历经昼夜奋战，仅用9天就完成了50间隔离观察病房建设，14天时间完成48间负压病房建设，以"北方有我，用我必胜"的理念创造了"沈阳速度"，为辽宁打赢疫情防控战役赢得了宝贵时间。

沈阳市第六人民医院除了东北地区-20℃的极端环境，工程建设处于春节期间，建筑工人与材料组织难度极大，设计出图与施工建造同步并行，扩建和改造工程交叉作业，特别是施工现场距收治新冠确诊病人的病房楼不足10m，施工现场防疫工作本身就是一项巨大挑战。中建二局北方公司充分发挥先进建造技术优势，以担当和奉献，与疫情和时间竞速，凭借二局铁军无畏的"超越精神"创造了"沈阳奇迹"。沈阳市第六人民医院"严寒地区超常规工期下的快速建造技术"和项目管理模式也将成为国内应急传染病医院建设的成功范例。

因此，由中建二局北方公司牵头，联合中建东北设计院、东南大学搭建"产学研"科技平台，将沈阳市第六人民医院隔离病房新建及改建一期项目的建设实践进行总结梳理，共十三个章节，包括：建设背景、项目概况、应急工程建造技术、EPC管理模式设计、组织管理创新、设计管理、招标采购及资源整合管理、防疫管理等方面，全面展示沈阳市第六人民医院隔离病房新建及改建一期项目应用的创新技术和先进管理水平。

群之所为事无不成，众之所举业无不胜。沈阳疫情防控取得的阶段性成果，离不开党中央的坚强领导和社会各界力量的众志成城，正是这种"生命至上、举国同心、舍生忘死、尊重科学、命运与共"的伟大抗疫精神凝聚了中华民族百折不挠、顽强拼搏的优良传统，也是中建二局不断超越自我，以及"北方有我，用我必胜"信条的力量源泉！

目　录

严寒地区应急医院建设项目工程总承包管理研究

第一章

项目背景及意义

1.1 建设背景

2020年年初，新型冠状病毒肺炎（COVID-19）疫情突然爆发，并在全球范围持续蔓延，严重威胁了人类健康和生命安全。2020年1月30日，世界卫生组织（WHO）宣布将新型冠状病毒肺炎疫情列为国际关注的突发公共卫生事件。

截至2020年1月22日24时，国内25个省（区、市）累计报告新型冠状病毒感染的肺炎确诊病例571例，其中重症95例，死亡17例。13个省（区、市）累计报告疑似病例393例。在此背景下，辽宁省尤其是沈阳市范围内确诊及疑似数显著增加，2020年1月25日辽宁省启动重大突发公共卫生事件Ⅰ级响应，积极准备与应对新型冠状病毒肺炎疫情。

辽宁省委、省政府把沈阳市定为新型冠状病毒感染的肺炎患者集中救治中心，并要求加强定点医院建设。沈阳市新型冠状病毒感染的肺炎疫情防控指挥部于2020年1月26日发布《沈阳市关于加强新型冠状病毒感染的肺炎疫情防控工作的通告》，其中强调"强化定点医院及后备医院能力建设，按照'集中病例、集中专家、集中资源、集中救治'的原则，建立完善医疗救治运行机制，将确诊病例集中安排在定点医疗机构救治，竭尽全力救治患者"。沈阳市委、市政府召开紧急会议，专题研究应对之策，当机立断决定迅速对沈阳市第六人民医院进行改造，未雨绸缪，建设沈阳版"小汤山"——沈阳市第六人民医院隔离病房新建及改建一期项目疫情隔离区的建设，提高接诊能力，做好打长期战、攻坚战的准备。

1.2 建设意义

本次沈阳市第六人民医院隔离病房新建及改建一期项目快速建造并交付使用具有以下重大意义：

（1）极大地提升了沈阳市第六人民医院应对这次疫情的接诊能力，为沈阳市打赢这场疫情防控战役提供了坚实的保障。

沈阳市第六人民医院作为集中救治中心，主要收治沈阳市内及辽宁省中部地区包括鞍山、抚顺、本溪、辽阳、铁岭、盘锦6个城市的感染新型冠状病毒肺炎的确诊患者。隔离观察病房及负压病房交付后，沈阳市第六人民医院可增加50个隔离病房，48个负压病房。在新冠肺炎爆发初期，所提供的隔离病房及负压病房数量居于全国领先水平。根据专家测算，沈阳市第六人民医院隔离病房新建及改建一期项目完成后，可以接诊513名新冠肺炎患者，加上其他医院，全市总计储备了约1000张床位，极大地提高了医院的接诊与治疗水平。

2020年1月22日，沈阳市第六人民医院收治了第一个疑似病例，经过全体医护人员的精心治疗与护理，2月7日，沈阳市第六人民医院首例新冠肺炎患者成功治愈出院。2月27日，沈阳市所有重型、危重型患者全部转为普通型。3月8日，辽宁首例应用ECMO新冠危重症患者经过医治，符合出院标准转回当地康复治疗。3月22日，沈阳本地及周边7个城市新冠肺炎确诊病例全部归"0"。沈阳市第六人民医院为该阶段性的胜利做出了重大贡献。

（2）为突发性公共卫生事件的医疗体系网络下医疗建筑规划、建设（改造）等项目积累了宝贵经验。

中建二局北方公司在工程设计、资源组织、快速建造方面积累了宝贵的经验，项目合理利用装配式钢结构箱式房建造技术、智能化系统、抗震支吊架技术、薄壁不锈钢管卡压连接技术，从管理和技术两个角度实现了改造工程的合理功能分区与快速建造。在项目全生命周期建造过程中，相关的政府部门、设计师、总承包商、材料供应商、设备供应商，彼此无缝协作，在短时间内调配了足够的资源，保质保量地快速完成了医院隔离病房新建及改建项目。在突发的疫情防控面前，中建二局北方公司临危受命，体现了百折不挠的精神力量，为突发性公共卫生事件的医疗体系网络下医疗建筑规划、建设（改造）等项目积累了宝贵经验。

第二章

工程项目建设概况及特征

2.1 项目总体概况

工程名称：沈阳市第六人民医院隔离病房新建及改建一期项目（图2-1）。

工程地址：位于沈阳市第六人民医院（传染病医院）院内，西侧和南侧紧邻和平南大街，东侧紧邻中兴街、南侧为南八马路。

图2-1 沈阳市第六人民医院隔离病房新建及改建一期项目图

建设内容：装配式病房楼设计与施工，4号负压隔离病房楼1～4层建筑设计改造与施工（图2-2）。装配式病房楼新建工程为临时建筑，使用年限为5年，总建筑面积2342m²，采用箱式房标准化施工，层数为2层，耐火等级一级，使用功能为隔离病房，可容纳床位数50床。4号负压隔离病房楼改建工程是对沈阳市第六人民医院院区内4号负压隔离病房楼进行的装修改造，将原普通病房改为负压隔离病房，总建筑面积2342m²，共4层，设计使用年限为50年，总床位数为123床。

图 2-2 沈阳市第六人民医院隔离病房新建及改建位置图

承包方式：EPC工程总承包。

合同工期：装配式病房楼：2020年1月26日—2020年2月4日。

4号负压隔离病房楼1-4层建筑改造：2020年1月26日—2020年2月10日。

工期总日历天数：16天（绝对日期）。

2.2 参建主体概况

本次沈阳市第六人民医院隔离病房新建及改建一期项目的建设得到了上级部门的大力支持，同时也得到了相关单位的积极配合，项目参建的主体有：

总指挥：沈阳市城乡建设局。

建设单位：沈阳市第六人民医院（传染病医院）。

设计单位：中国建筑东北设计研究院有限公司。

施工单位：中建二局北方公司。

监理单位：沈阳市振东建设工程监理股份有限公司。

2.3 工程建设历程

2.3.1 组织构建历程

沈阳市第六人民医院隔离病房新建及改建一期项目的建设组织构建历程见表2-1。

项目建设组织构建历程　　　　　　　　　　　　表 2-1

1. 2020年1月26日，中建二局会同沈阳市卫健委、沈阳市第六人民医院，确定了设计、施工、监理等参建队伍，全面启动改造建设工作

2. 2020年1月27日，中建二局北方公司成立以公司董事长为指挥长，党委副书记及总经理为副指挥长，其他班子成员为委员的临时抗疫领导小组，并召开沈阳市第六人民医院工程紧急启动会

3. 2020年1月30日下午，中建二局北方公司沈阳第六人民医院改造项目指挥部火速成立三支临时党支部，50余名党员、青年代表面对鲜红的党旗，高举右拳，豪情宣誓，坚决圆满完成建设任务

4. 2020年1月30日，中建二局总经理助理李林鹏，局工程管理部副总经理侯现安、局党委工作部副部长、团委书记丁柏林到施工现场，为党员先锋队、青年突击队授旗

	5. 市委、市政府张雷书记、姜有为市长亲自到现场视察并多次做出指示，要求加快工程建设、尽早投入使用
6. 2020年2月3日晚23时，沈阳第六人民医院装配式病房楼举行交付仪式，标志着沈阳市第六人民医院装配式病房楼正式交付	
	7. 2020年2月8日晚19时，4号负压隔离病房楼提前2天竣工、交付

2.3.2 设计历程

中国建筑东北设计研究院有限公司（简称"东北设计院"）接到紧急任务后，立马召集各专业设计负责人、项目协调人等推进项目设计。沈阳市第六人民医院隔离病房新建及改建一期项目的建设设计历程见表2-2。

项目建设设计历程 表2-2

1. 2020年1月26日，沈阳市第六人民医院、中建二局北方公司、东北设计院在东北设计研究院召开碰头会议，确定改造内容，同步开展设计工作

2. 2020年1月27日，东北设计研究院与中建二局北方公司的技术人员紧密配合，不懈努力地工作，按时完成设计任务，出版第一套建筑、结构专业施工蓝图

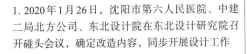

3. 2020年1月28日，暖通、电气、给排水专业出版第一套施工蓝图

4. 2020年1月29日，第一套施工蓝图各楼层护士休息、值班室增加洗消功能房间，设计变更修改调整

5. 2020年1月30日，每一层病房楼增加抢救室，设计变更修改调整；缓冲间气密门尺寸修改设计变更

2.3.3 施工历程

项目建设施工历程见表2-3、表2-4。

装配式病房楼施工历程 表2-3

1. 2020年1月27日上午9点，施工机械进场清理场地，管理人员开始组织测量放线

2. 2020年1月27日晚，板房、钢材进场，场地平整、板房定位工作完成

3. 2020年1月28日，开展每个装配式板房单元的预拼装工作，同时给水排水管道预埋完成

4. 2020年1月29日，板房单元预拼装工作全部完成，板房的工字钢基础及板房的拼接工作开始同步进行

5. 2020年1月30日，对已完成拼接的板房穿插外墙板安装工序，同时初步开展室内的给水管道及桥架等安装工作

6. 2020年1月31日，板房主体框架全部拼接完成，开始大面积开展屋面施工，同时穿插室内楼梯、内墙板、门窗及卫生洁具的安装

7. 2020年1月1日，屋面、内墙、门窗及卫生间防水施工全部完成。灯具、风管、空调机组、弱电系统同步安装

 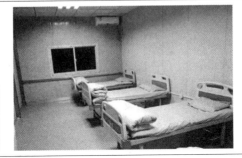

8. 2020年2月2日，板房室内及外围装饰装修、强弱电系统、通风系统、给水排水系统全部完成

9. 2020年2月3日，完成各种设备的调试，保洁及指示牌完成后，正式签署移交书，第六人民医院装配式隔离病房建设完成并交付

1. 2020年1月27日，第一台挖掘机炮锤进场清除植被，病房楼室内开始拆除门窗、剔凿洞口

2. 2020年1月29日，开始进行门洞口成品过梁安装、墙体砌筑封堵、墙面抹灰与收边收口施工

3. 2020年1月30日，机电支吊架安装开始施工，同时穿插通风管道安装施工

4. 2020年1月31日，洁净区淋浴间、洗消间等涉水房间防水施工完成

5. 2020年2月1日，缓冲间气密门安装完成、传递窗、气密窗安装完成

6. 2020年2月2日，开始进行墙面装饰装修施工，门窗洞口精装修收边收口施工

7. 2020年2月3日，墙面大白修补，公共区域机电安装完成

8. 2020年2月4日，持续进行大白修补、地砖施工、空调水管施工、医用气体管道、风管、电缆铺设

9. 2020年2月5日，持续进行装饰装修施工、给水排水改造施工、电缆铺设，风管安装完成

10. 2020年2月6日，电缆铺设、风机接线、新风机组完成

11. 2020年2月7日装饰装修全部完成，设备调试完成

12. 2020年2月8日，交付使用

第三章

应急工程的建造技术

3.1 应急工程

应急工程是指按照正常的工作程序进行发包，难以按时完成并交付使用的特殊工程，应急工程项目管理中最重要的任务是对不确定性或风险性问题的分析和风险控制。应急工程具有施工多样性、综合协调性、劳动密集性、任务紧急性、受自然条件和环境影响等特点，在施工组织管理过程中需要有针对性地制定施工方案。

应急医院工程作为一种特殊的应急工程，具有突发性、工期紧、专业性强、施工期间天气恶劣的特殊性，需要在正常项目建设期间注意防护措施。

突发性：由于病毒不同毒株间基因重组率很高、变异频率快，疫情爆发的突发性导致应急工程的突然发生。

工期紧：应急工程的突然发生以及工程建设必要性的矛盾，导致应急工程工期紧的特点，工程建设全生命周期规划、设计、招投标、施工、竣工验收及运营管理时间缩短。

专业性强：除了建筑工程外，应急工程涉及医疗专业。在设计施工阶段，需充分考虑气体工程、轨道物流专业、静配专业、层流净化专业、病理科、复合手术室、检验科等医疗专业要求。

气候恶劣：突发性传染病爆发时期往往在冬季，面临着寒冷气候、雨雪天气的极端考验。

在应急医院工程建设过程中需注意以下几点：

（1）满足时间进度要求，充分利用现有的医疗资源。应急抢建工程，尤其是医院建设，应依托现有城市公共卫生医疗中心，达到少改少修、节约资源、加快施工进度的目的，让该应急医院最迅速具备接收患者的能力。

（2）符合公共卫生医疗对项目的质量要求。应急工程必须规划合理，满足医院对空间布局、通风、水电等的特殊要求，防止疫情传染。

（3）注重"平疫结合"。对于建设后仍需使用的应急抢建工程，其场地基础及各种设备主管道应按永久性标准建设，可选用短时间内能迅速达到拼装条件的集装箱模块化进行病房建造，疫情结束后，可恢复为休闲、健身、停车等其他功能；对于建设后不再利用的应急工程，应选择能够迅速完成拆除回收工作的建造方式。

3.2 工程技术要求

1.建造要求

沈阳市第六人民医院应急工程包括装配式病房楼新建工程和4号负压隔离病房楼改造工程两部分。

装配式病房楼新建工程为临时建筑，层数为2层，总建筑面积为2342m²，使用年限为5年，耐火等级为一级。建筑层高为3m，建筑总高度6.41m，建筑所容纳的床位数为50床。10天内完成全部建造内容。

4号负压隔离病房改造工程是将普通病房改造为负压病房楼工程，总面积2342m²，改造完成48间负压隔离病房。14天内完成全部改造内容。

2.设计条件

应急医疗可以根据其改扩建或新建特点、短期及长期的使用功能和使用年限综合确定结构可靠性目标、抗震设防标准、建筑材料的选择。为了抵抗疫情、提高施工速度，新建应急医疗设施结构形式选取上应因地制宜，因时制宜，方便快速施工、安装、运输。

设计方应注重现场实地勘测、施工期间现场实时跟踪，现场服务工作迅速、及时、到位，及时发现和解决问题，实现沟通配合的高效性，保证施工质量和施工速度。同时在建筑材料的选择上，设计应综合考虑采购速度、加工速度、施工便利性等。

沈阳市第六人民医院应急工程初始设计条件如下：

1）装配式病房楼新建工程

（1）因时间紧采用箱式房标准化施工，受标准化模块尺寸限制，每间病房为

3m 宽，6m 长，走廊1.8m 宽。

（2）功能分区严格按照传染病医院的流程进行布局，并根据疾病防控特性进一步细化布局。

（3）房间管线为工厂预留，装配式箱式房管线预留在房间四角，房间内部管线需走明线连接。

（4）每个房间独立设置卫生间，各房间均需进行二次拆改施工，淋浴间和卫生间等用水房间需考虑增加防水排水及地面找坡。

（5）由于是二层建筑，门为防盗门，窗配置防盗栏杆和成品纱窗，墙面有风管开洞处，需设置防雨防虫百叶。

2）4号负压隔离病房改造工程

（1）4号负压隔离病房楼原主体结构形式为砖混结构，地上4层，建筑高度 18.8 m，总建筑面积为 $4912m^2$。

（2）改造项目由于原有建筑建成时间较长，在使用过程中进行多次改造，原有设计图纸与现状严重不符，各专业设计人员需对施工现场充分实地勘察，进行现状图纸绘制。

（3）改造建筑为老旧砖混楼，需在不破坏原有承重结构，保证结构安全的前提下，尽量减少拆改量，设计改造难度及高。

（4）建筑内部需尽可能最大限度利用原有的门窗洞口，如确实无法利用（如气密门、传递窗等），需联合门窗采购负责部门，与门窗厂家确认现有的可用门窗型号，根据型号及医院感染需求选出最优的产品。

（5）墙体、楼板会因为增加管线大量开洞，洞口封堵在保证密封性的同时需考虑结构安全，必要时需进行结构加固。

（6）为减少楼面荷载，减少结构加固量，提高速度，墙体材料应尽量选用市场易于采购的成品轻质材料，卫生间、淋浴间等楼面垫层尽量采用轻质填充材料。

3. 建造条件

1）时间条件

2020年1月25日晚（正月初一）紧急接到沈阳市委、市政府通知，开始建设沈阳"小汤山"——沈阳市第六人民医院隔离病房新建及改建一期项目，正值春节阶段，抢建任务特殊，质量要求高，人员、材料、机械设备等各项资源协调组织难度巨大，施工部署需要精确到以小时计，加上沈阳冬季严寒导致人工降效等因素，正常施工需要3个月的工期，但装配式病房楼10天就得投入使用，4号负压隔离病房楼改造工程难度大，标准要求高，起步即是冲刺，开工就是决战。

2）场地条件

（1）施工场地位于沈阳市第六人民医院内，现场场地狭窄，材料种数多体量大、作业人员密集，增加施工难度。

（2）现场市政条件不明确，需实地勘察进行施工临水、临电接驳。

（3）装配式病房楼施工位置原为医院停车场，主要为沥青混凝土路面，又处于冬期施工阶段，土方开挖需对沥青路面、水稳层及冻土层破除。

（4）4号负压隔离病房楼改造工程楼体内部施工场地狭窄，各专业系统交叉施工频繁，且不得触碰破坏原有承重构件，施工作业难度大。

具体见图3-1。

图3-1 施工现场示意图

3）交通条件

进场道路狭窄，车辆进出与施工互相干扰，效率低下。

4）天气条件

沈阳冬季严寒，气温达-20℃，为抢建高效保质交付投入使用，现场24小时不停工，夜间施工条件恶劣，尤其是在室外电缆、给水排水工程施工阶段，气温寒冷造成施工人员困乏、体力透支，效率降低，且管道的防冻难度大，需采取有效保温措施。

3.3 本项目的难点与解决方法

3.3.1 工程设计

1. 设计时间极短

设计时间短，从接到设计任务到出图需在24小时内完成任务，这对设计工作是前所未有的挑战。

为高效完成设计工作，本项目引入下游参与方前期介入，通过前期沟通，将各方的需求和经验集成在方案设计中，以提高方案的可实施性，防止返工。东北设计院组织参与过高花"非典"防治医院任务的专家骨干星夜集结沈阳开展设计工作，保证按时出图。

2. 医院工程专业要求高

医院工程的建筑布局必须使空间规划科学合理，秉持"洁污分区""医患分流"的设计原则，做到功能分区合理，交通流线互不干扰。功能分区是否科学合理，关系到长时间工作在重大疾病救治阵地的医护人员的健康安全。医院工程需注意空间隔离功能，满足医护人员与患者分区分流、洁污分区分流、人与物品分区分流、传染病与非传染病分区分流、不同传染病分区分流等基本要求，而诊疗空间功能则必须严格划分出污染区、半污染区、清洁区，这样有利于防控应急情况下各区域展开有效的隔离工作，从而遏制疫情扩散蔓延。

医院工程涉及气体工程、轨道物流专业、静配专业、层流净化专业、病理科、复合手术室、检验科等医疗专业，专业性极强，对建筑、结构及机电设计要求多，设计阶段即需要与医院深入研讨，充分利用现有结构，避免施工完成后再拆改。

3. 施工环境恶劣

该应急项目施工时正值东北地区寒冷的冬季，气温达-20℃，天气恶劣，因此，从设计角度应尽量减少湿作业。

整体装配式病房楼位于沈阳市第六人民医院停车场区域，难以按照普通做法将原有沥青混凝土路面凿除后进行混凝土基础施工，设计需综合考虑原地面高差及结构主体承载力，选取适合的基础形式；本工程采用型钢基础加钢板垫片的形式，在解决现有问题的基础上，加快施工速度。

4. 资源约束大

工程施工正处于春节和疫情爆发的特殊时期，物资采购面临厂家关门、物流停用的困难，装配式主体材料厂家仅一家有存货，只能根据现有材料的规格型号进行设计，针对特殊情况，设计提前对接项目管理人员，充分了解现有资源，加快设计进度。

5. 4号病房楼改造缺乏原始资料

4号病房楼始建于1989年，拥有30多年的历史，在使用过程中经过多次改造，原有设计图纸与现状很难对应，设计人员应对施工现场充分实地考察，进行现状图纸绘制。应急工程设计工期本已是极限，无法待考察完成后再进行设计，必须考察设计同步进行。

3.3.2 资源组织

1. 劳务及专业分包组织困难

疫情爆发时期，各单位管理人员及工人都处于远程返乡过节状态，各地封城封路，给劳务和专业分包组织带来极大挑战。为此，中建二局北方公司发出召集通知书，召集本地过年员工，完成这次特殊的项目，保卫亲人，保卫家园。

在组织劳务及专业分包的过程中，以保护员工安全为前提，重点做好施工过程中的防护工作，做到边隔离边施工，同时进行有效的住房隔离管理，保证施工人员隔离居住。

积极采用信息化手段，对劳务及专业分包进行管理，如建立劳务实名制平台、采用在线会议系统、协同办公系统，利用好医院现有的视频监控体系，尽可能实现线上管理。

2. 材料、设备组织困难

春节放假期间，企业已停产关闭，疫情影响交通受阻，材料设备采购极为困难。各政府部门充分整合行政资源，与中建二局一起同心戮力，分工合作。

城乡建设局行政人员与设计单位和施工单位一起采用"点对面"的方式，网格化分配沟通地点，挨家询问建筑材料货源、设备租赁渠道，逐个登记货源、设备信息及联系方式；交通部门积极协调施工项目院内、院外交通，确保运输渠道通畅，确保材料设备及时抵达现场。

3.3.3 快速建造

1. 施工工期紧张

疫情爆发正值春节阶段，抢建任务特殊，质量要求高，人员、材料、机械设备等各项资源协调组织难度巨大，施工部署需要精确到以小时计，加上沈阳冬季严寒导致人工降效等因素，正常施工需要3个月的工期，但项目约10天就得投入使用，起步即是冲刺，开工就是决战，"稳"且"快"地做好各项工作，有条不紊地落实工作进度及要求。

2. 作业条件艰苦

施工场地位于沈阳市第六人民医院内，装配式隔离病房和4号病房楼改造同时施工，现场作业面小，材料种数多体量大、作业人员密集，各专业系统交叉施工频繁，施工作业难度极大。针对工程冬季施工的部位、难易程度、工艺的需要，确定技术内行、指挥得力的人员负责组织全面工作，有具体施工经验的工地负责人和技术负责人快速培训有关人员，落实工作，对工程关键部位的施工措施进行再三研究，保证参加人员做到心中有数，保证工程施工达到相应规范的验收标准。

为使抢建工程高效保质交付并投入使用，现场24小时不停工，夜间施工条件恶劣，气温达-20℃，同时施工现场为做好疫情防控，每隔4小时就需进行一次消杀，在施工过程中，所有人员均佩戴好口罩并按时更换。

3. 防疫应急医院工程施工质量标准高

传染病隔离病房施工内容包含装配式主体、强电、弱电、给水排水、通风、消防等设备设施安装，装配式主体现场拼装要做到精准超平，管道安装必须做密封处理，卫生间、洗漱台等潮湿部位做好防水处理，明敷管道安装固定牢固，外漏连接构件及螺栓要做防锈处理等，各专业系统交叉施工频繁，每一道工序均进行质量验收并做好记录。

4. 各单位协调管理

该工程为EPC工程总承包工程，涉及设计、招标采购和施工，这三个环节应紧密结合、相互配合，充分发挥EPC管理模式优势，提升总承包单位的工作效率，保障工程整体质量。以设计管理为龙头，工期管理为主线，专业管理为抓手，执行"全过程、全专业、全方位"管理，设计、招标采购、全专业履约管控一体化管理，提升项目总承包管理能力。

5. 疫情对施工影响大

本工程施工在沈阳市第六人民医院内，沈阳市第六人民医院为传染病医院，收治沈阳及周边6个城市的疑似和确诊病例，现场施工人员密集，高峰期约1300人，疫情防控工作难度极大。

3.4 新型建造技术应用

3.4.1 装配式钢结构箱式房建造技术

装配式模块化箱式房屋（Prefabricated Modular Volumetric Building）是一种借鉴了集装箱的运输规格以及运输、连接、固定方式且具有简单使用功能的轻钢框架预制装配式房屋体系。由于其建造速度快、材料安全环保，综合成本可控，被广泛用于应急工程医院建设，如武汉雷神山医院、北京小汤山医院。

在防疫应急的特殊时期，新建病房楼在方案设计即确定的结构形式为装配式钢结构箱式房。装配式箱式房与传统的砖混结构、混凝土结构房屋相比，建造工期不到传统建筑建造周期的十分之一，具有明显的时间成本优势。

装配式钢结构箱式房的设计环节具有集成化、标准化、模块化的特点。其制造环节可以进行标准化生产、流水线作业，便于进行大规模生产和现代化管理；在施工环节，出厂（或现场组装）后每个房屋单元成为一个整体模块，可以整体吊装或运输，现场拼装速度快，组装和拆卸几乎不产生建筑垃圾，可周转重复使用几十次，钢结构箱式房采用的材料一般可回收重复使用，符合国家循环经济政策，属绿色建筑。经检验各种板房的用材、结构安全相关的技术参数、燃烧性能、热工性能、防水性能、气密性能、拼接方式、不同组合的灵活性、连接构造等主要技术性能，装配式钢结构箱式房的综合使用性能较一般的活动房屋产品有非常明显的提高，同时考虑新建病房楼的建筑功能要求，确定以装配式钢结构箱式房作为新建病房楼主要的建设用材，进行模数装配式设计。

春节期间，市场材料采购难度较大，箱式房材料联系十家中仅有一家可以施工，且其库存材料严重不足，需四处进行零星采购，再组织场内人员24小时进行抢工加工方能勉强满足施工要求。

受箱式房生产及采购制约，装配式病房楼新建工程选用的标准化箱式房为3m宽，6m长，走廊1.8m宽，且考虑医用需求，每个房间需独立设置卫生间，各房间均需进行二次拆改施工，装配式病房楼新建工程仍在9天交付，提前1天完成，充分显示了装配式钢结构箱式房建造技术的优势和潜力。

3.4.2 快速建造技术

防疫应急医疗建筑的建造，建设时间短，多个工序穿插施工，对项目组织是个巨大的考验，围绕进度、成本、质量、安全等核心要素，以技术支撑快速建造，深化快速建造管理理念，是确保完成"防疫应急"任务的重点。

沈阳市第六人民医院隔离病房新建及改建一期项目建造过程多处体现了快速建造的理念，推广应用了预制构件、钢构件、半成品装饰材料等，提高施工现场的工业化应用水平，减少混凝土湿作业工程量，缩短工期，保证工程进度。除上述装配式钢结构箱式房建造技术外，其他关键施工技术如下：

1. 装配式钢结构基础施工

装配式病房楼基础工程，考虑到严寒地区冬季施工的天气原因，混凝土构件一般有龄期限制，采用钢结构构件代替混凝土结构构件，因场地整体标高高低偏差较大，约360mm，采用20号工字钢+钢板方式进行铺垫，红外线激光找平仪进行调平，调整完成后工字钢与工字钢、钢板间采用焊接方式进行加固。

基础平面布置图见图3-2。

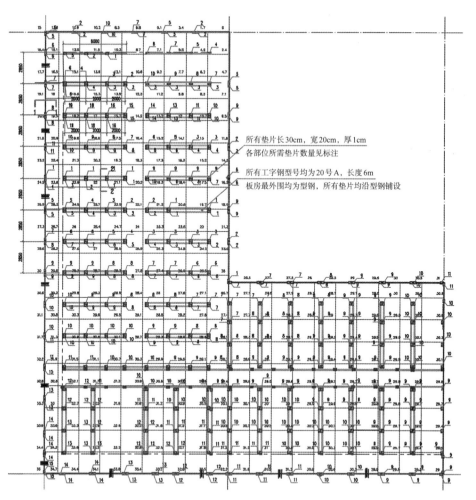

图3-2　基础平面布置图

2.钢结构坡道施工

装配式病房楼因场地高差较大，首层基础施工完成后，需于首层安装7个入口坡道。由于现场无法进行湿作业，将原设计混凝土坡道改为钢结构坡道，采用8mm厚花纹钢板制作而成，安装坡度不大于1∶12，保证出入顺畅。钢结构坡道由工厂加固，整体安装速度快，节约了工期。

坡道设计修改通知单见图3-3。

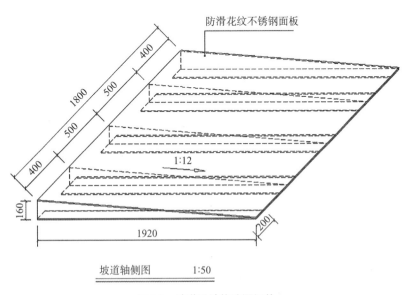

图3-3　坡道设计修改通知单

3.钢结构体系辅助加固改造施工

4号负压隔离病房在尽量不改变原有结构受力体系的前提下，采用新增辅助钢结构构件或辅助钢结构体系的方式，减少土建加固量，缩短工期。

1）设备机房新增设备重量较大时，采用支撑在墙或柱上的局部钢结构架空层托放设备，使原有楼面不需要改造加固，减少土建加固量。

2）由于新增风井楼板开洞较大时，楼面受力体系改变，土建改动量较大，影响工期进度，作为应急措施在风井设计上采用室外钢结构支架吊挂风管，后期采用铝板或干挂石材包装与建筑立面协调。

4.双拼预制钢筋混凝土过梁

4号负压隔离病房有多处门窗进行了拆改，门洞加固采用双拼预制钢筋混凝土过梁代替现浇过梁，减少湿作业，提高拆改速度。

图3-4为某门洞拆改节点示意图，门洞扩大后门顶过梁采用双拼预制钢筋混凝土过梁。

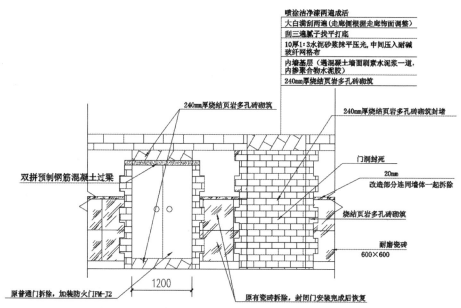

节点8：原有配电机房改造，门洞扩大，加装防火门FM-J2

图3-4　某门洞拆改节点示意图

3.4.3　智能化系统应用

装配式病房楼因其结构形式所限，病房传递窗无法实现借助传递窗观察病房的功能，针对此情况，设计了综合布线系统、病房医护对讲系统和视频监控系统，尽可能减少医护人员与患者的接触。

1. 综合布线系统

本系统完成本楼的话音及数据信号的传输，由院区总机房引来数据及语音信号。在一层设置弱电间（与配电室合用），用于本楼内网络及数据通信。系统布线采用星型拓扑结构，水平配线采用六类非屏蔽双绞线，所有管道暗埋铺设，桥架吊装在房间吊顶内。水平线缆从相应的配线间走线出来，通过弱电井然后沿桥架和预埋在房间墙体的PVC管走线到各房间暗盒处，房间墙面先预埋PVC管走线（图3-5）。

线缆敷设需注意保持双绞线的弯曲半径不小于线缆直径的10倍，且没有损伤或扭结，牵引时应按以下步骤进行（图3-6）：

（1）将线缆护套剥去30cm长；

（2）把同时牵引的几根缆线上的护套捆成一束；

（3）集中所用线缆中的导线，并把它们扭绞在一起编成一个环；

（4）将牵引绳穿过环后打结，以形成平滑结实的牵引端。

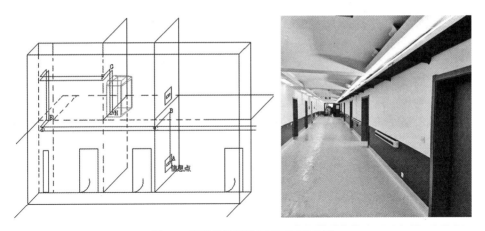

图3-5　管道暗埋铺设示意图及实景图

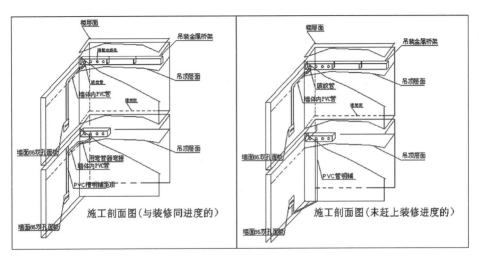

图3-6　线缆敷设走线图

在医生办公室、护士站等房间设置语音和数据信息口。在走廊设置无线AP发射点，系统采用AP双频技术形式。

2. 病房医护对讲系统

病房可视对讲系统，保证在隔离状态下能与病人进行可视通话及探望病人。系统采用全数字IP网络双向可视对讲，基于局域网以 TCP/IP 协议传输视频、音频和多种控制信号。系统设置由管理主机、可视分机组成，管理主机设在 ICU 区护士站，在每张病床上吊装设置可视分机，定制支架可折叠伸缩，并且在探视室设可视分机，供家属探视病人及交流。系统通过护士站管理主机来接通探视分机与病床分机之间的通信（图3-7）。

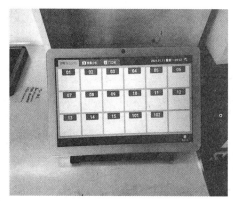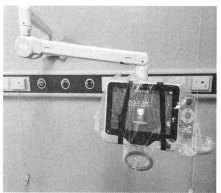

图3-7 病房医护对讲系统

3.视频监控系统

病区设备只需要摄像机、同轴线、视频分配器、监视器和硬盘刻录机。多端点、多个监控点一个监视中心，两极监控技术。医院监控中心接入设备需要摄像机、同轴线（或无线监控）、视频分配器、路由器、视频采集卡、PC机。

病房采用安装1台吸顶式球型一体化红外摄像机。相邻的4台摄像机的视频信号，接入1台视频分配器。然后用视频接头和同轴线连接显示器。每个监控单元循环显示病区，可以达到以病床为单位监控，也可以选择重点病床。意外情况系统报警立即通知护士站或监控中心，可以根据报警位置，通过显示器察查看病房内患者情况，医务人员立即做出反应。报警信号，包括患者躁动、烟气、夜视状态、他人闯入病室等。对于危重患者或者监护室中的患者，请患者家属在显示终端上探视亲人的病情，也提高了医院人性化水平。

视频录像和回放采用硬盘实时记录多路监控信号。根据病房的请求查询记录在硬盘上的数据图像，供事后调查取证使用（图3-8）。

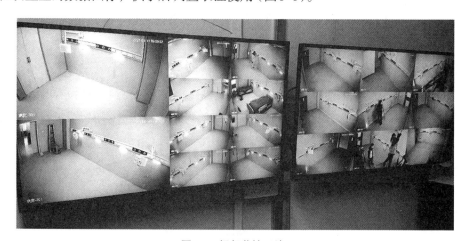

图3-8 视频监控系统

3.4.4 抗震支吊架技术

为减轻地震破坏，避免人员伤亡，减少经济损失，需要对建筑结构根据相关规范标准进行抗震设计。若在成品支吊架左右两侧、前后两侧分别按一定要求增设用于抵抗水平方向地震作用的成品斜撑，并用抗震连接件与成品支吊架相连，即形成了成品抗震支吊架。用于固定机电管道，防止地震带来的次生伤害。

住房城乡建设部2015年发布实施了国家标准《建筑机电工程抗震设计规范》GB 50981—2014，明确规定了抗震支吊架的设计与使用要求。第1.0.4条（强条）规定抗震设计烈度为6度及6度以上地区的建筑机电工程必须进行抗震设计，第3.1.6条条文说明规定了需进行抗震设防的内容：悬吊管道中重力大于1.8kN的设备；DN65以上的生活给水、消防管道系统；矩形截面面积大于等于0.38和圆形直径大于等于0.7m的风管系统；内径大于等于60mm的电气配管及重力大于等于150N·m的电缆梯架、电缆槽盒、母线槽。

4号楼始建于1989年，是一座已经拥有30余年历史的老楼，结构形式为老式砖混结构，整体性差，抗震能力较弱。本次改建工程新增了空调水、送风、排风、医疗气体、相关设备配电等系统，大量设备、管道给原主体结构增加了巨大负荷。一旦发生地震，可谓雪上加霜，在重力和地震力的叠加作用下，极其容易对主体结构造成破坏，导致管道系统塌落，造成安全事故，并有发生淹水、触电等次生灾害的可能，严重影响病房楼的正常使用。同时，本工程抗震设计烈度为7度，空调水管道主管为DN200和DN150，按照规范要求，也须进行抗震设计。因此，4号负压隔离病房楼进行了机电抗震支吊架设计与施工，一方面改变了管道系统动力特性，在抵抗水平方向地震力方面，地震作用下响应明显变小；另一方面，改变抗震支吊架处重力吊架的受力，两者相辅相成，进而优化其设计、选型、加劲、锚固等，减轻地震造成的伤害，从而大幅降低了地震后机电设备引发二次危害及次生灾害的可能性（图3-9、图3-10）。

 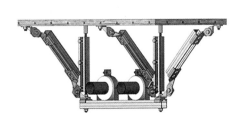

图3-9 单管道抗震支吊架示意图和双管道抗震支吊架示意图

图3-10 抗震支吊架现场实施情况

3.4.5 薄壁不锈钢管卡压连接技术应用

薄壁不锈钢管是传统管材的换代产品，其具有使用寿命长、力学效果好、质量轻、施工难度小、环保等特点。薄壁不锈钢管卡压连接会用带有特殊密封圈的承口管件连接管道，使用专业的压接工具达到密封盒紧固的作用。施工过程中安装快捷，经济合理，可以在保证工程质量的前提下提高施工效率。

4号负压隔离病房楼包含压缩空气和负压抽吸等医用气体工程，为了达到快速建造的要求，施工中采用了薄壁不钢管卡压连接技术（图3-11）。卡压式管件端内部"O"形槽内装有密封圈，安装时管道一端插入管件的端口内，用专用卡压工具进行卡压，将管道与管件的连接部位卡压成六角型，形成足够的连接强度；同时管件内"O"形槽内的密封圈，在压力作用下被压缩，依靠管材的支撑向外压紧密封圈，保证了连接的密封性。空气系统和吸引系统统一采用医用薄壁不锈钢管道，卡压连接，放弃了医用空气管道使用铜管，水焊连接，吸引管道使用镀锌管，套扣连接或氩弧焊连接的常规做法，既节约了工期，又保证了施工质量，满足防疫和施工质量验收要求。

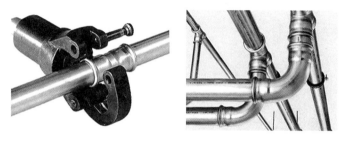

图3-11 薄壁不锈钢管卡压连接

第四章

应急医院建设项目总承包管理模式设计

为了贯彻落实党中央、国务院关于防控新冠病毒肺炎感染疫情的重要指示与工作部署，保证医院项目建设高速度、高标准、高质量完成并投入使用；沈阳市第六人民医院隔离病房新建及改建项目采用工程总承包模式，即将工程设计、采购与施工（EPC）模式直接委托给总承包单位。总承包单位按照约定，承担建设工程项目的设计、材料设备的采购、建设项目的施工等工作，并对承包工程的质量、安全、工期、造价全面负责。EPC总承包管理模式下，设计、采购、施工的实施是统一策划、组织、指挥、协调和全过程控制的。

4.1 工程总承包模式简介

4.1.1 工程总承包模式基本概念及特点

1.基本概念

工程总承包是一个内涵丰富、外延广泛的概念。2003年，建设部《关于培育发展工程总承包和工程项目管理企业的指导意见》中指出，工程总承包是指"从事工程总承包的企业受业主委托，按照合同约定对工程项目的勘察、设计、采购、施工、试运行（竣工验收）等实行全过程或若干阶段的承包"。工程总承包模式包括设计—建造（Design Build，DB）、交钥匙工程（Turnkey）和设计—采购—施工（Engineering Procurement Construction，EPC）三种主要模式。由于本项目具备设计工期短、专业要求高、施工条件恶劣、资源约束大等特点，因此本项目采用的是EPC模式。

EPC 是一个起源于美国工程领域的固定词组，它是 Engineering（设计）、Procurement（采购）、Construction（施工）的组合，EPC 工程总承包模式是指工程总承包企业按照合同约定，承担工程项目的设计、采购、施工、试运行服务等工作，并对承包工程的质量、安全、工期、造价全面负责。EPC 模式具体包括以下三个方面：

（1）规划设计（Engineering）：一般包括具体的设计工作，如设计计算书和图纸，以及根据"业主的要求"中列明的设计工作，如配套公用工程设计、辅助工程设施的设计以及建筑结构设计等，而且可能包括整个建设工程内容的总体策划以及整个建设工程实施组织管理的策划和具体工作，甚至可能包括项目的可行性研究等前期工作。

（2）采购（Procurement）：不仅包括建筑设备和材料采购，还包括为项目投入生产所需要的专业设备、生产设备和材料的采购、土地购买，以及在工艺设计中的各类工艺、专利产品及设备和材料等。

采购工作包括设备采购、设计分包以及施工分包等工作内容。其中有大量的对分包合同的评标、签订合同以及执行合同的工作。与我国建设单位采购部门的工作相比，工作内容更广泛，工作步骤也较复杂。

（3）施工（Construction）：EPC 总承包商除组织自己直接的施工力量完成土木工程施工、设备安装调试以外，还包括大量分包合同的管理工作。一般包括全面的项目施工管理，如施工方法、安全管理、费用控制、进度管理及设备安装调试、工作协调、技术培训等。EPC 总承包商项目结构图见图4-1。

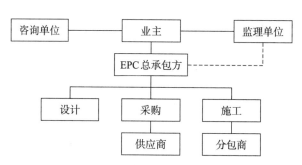

图4-1　EPC 总承包模式结构图

2. EPC 工程总承包模式特点

EPC 模式适用于大型复杂的生产型成套项目，技术含量高的项目、特殊性项目。EPC 总承包模式与传统工程承包模式在工作范围、管理模式、工程的质量要求和承担风险的范围等方面都有所不同，是在传统模式的基础上进一步的发展，其主要优势有：

（1）责任主体单一，业主把工程主要的设计、施工等工作全权委托给EPC总承包商；一旦工程出现问题，将由总承包商负担相应的责任，项目责任主体较单一，很大程度上减轻了业主需要多方面管理项目、协调多方关系的负担，使得业主能够把有限的资源分配到更关键的事情上。

（2）总承包商在项目实施过程中的地位较高。承包商按照合同约定对项目设计、采购和施工进行全权负责，根据项目特点对各分包商进行协调与组织，责权利的扩大确定了总承包商的核心地位。同时也对总承包商的管理水平提出更高要求，工程的大部分风险也转移给了总承包商。

（3）工程总造价容易确定，工程总工期缩短。工程总承包模式通常签订固定总价合同，发包人在项目前期就能够获得相对明确的项目投资额，因此能够尽量在早期就制定完善的资金使用计划。同时相比于传统模式，总承包商负责统一的项目设计和施工使外部沟通转变为内部沟通，减少了招标次数和招标时间。设计和施工等不同工作的良好衔接，能够实现工期的缩短。

（4）项目招标竞争性降低。由于工程总承包项目的承包人需要同时拥有设计和施工的资质，相应地具有较高的进入要求，真正能够满足项目资格预审要求的承包人不多，无法在投标人之间产生足够的竞争。

（5）能有效地克服设计、采购、施工相互制约和脱节的矛盾，有利于各阶段工作的合理交叉，且业主不参与工程的具体事务能够促使承包商放开手脚；充分发挥设计在建设过程中的主导作用，有利于整体方案的不断优化，达到业主期望的最佳项目建设目标。

但相应地，EPC模式目前也存在一定的缺点，如：

（1）与DB模式类似，业主无法参与建筑师、工程师的选择，对设计细节和效果缺乏控制力。

（2）业主权利约束较高，对项目的控制力减弱。由于EPC模式下项目的设计和施工等工作都是由总承包商负责，导致发包人对项目的控制权减弱，工程设计可能会受到分包商的利益影响。

（3）由于同一实体负责设计与施工，减弱了工程师与承包商之间的检查和制衡，由此可能存在承包人追求降低成本而实施不恰当的行为，影响项目绩效。

EPC模式最核心的特点就在于设计、采购、施工的深度融合，即设计施工一体化。工程总承包不是简单的"设计+采购+施工"，而是把三者捆绑在同一个利益体上，倒逼其统筹全链条资源、协调融合、管理升级，使整个项目在统一的框架下展开运作，从而使目标一致、行动一致，能够保证工程项目整体目标的顺利实现。EPC模式一方面可充分利用工程总承包商在工程建设领域的丰富经验，将建设单位从其不熟悉的工程建设过程中解放出来，另一方面可将设计、采购、施工与试运行有机结合，充分发挥设计在工程建设过程中的主导作用，结合施工单位丰富的施工经验，使工程建设既合理又经济。通过工程总承包商在工程建设过程中的监控与综合协调，在保证工程质量的前提下，可降低工程投资，缩短建设周期。

4.1.2 EPC工程总承包模式国内外发展现状

1. EPC工程总承包模式国外发展现状

工程总承包模式已经在国际国内建筑市场上得到了广泛的应用，作为其方式之一的EPC得到了大力推广。EPC总承包模式于20世纪80年代首先在美国出现，得到了那些希望尽早确定投资总额和建设周期的业主的重视，在国际工程承包市场中的应用逐渐扩大。相应的管理规范也随之出现，推动了EPC总承包模式的发展。FIDIC于1999年编制了银皮书《设计采购施工（EPC）/交钥匙工程合同条件》，规定了总承包方对设计的责任、权利与义务，这有利于EPC模式的推广应用。

EPC工程项目模式代表了现代西方工程项目管理的主流，是建筑工程管理模式和设计的完美结合，也是成功运用这种模式达到缩短工期、降低投资目的的典范。曾经因其在建筑行业以高速度、低成本地建造高层建筑和大型工业项目而著称。EPC的关键是依赖称职的专业分包商及标准化的过程控制与程序，因此在西方发达国家广泛采用。国外的大量项目实践和研究总结表明，EPC项目的成功经验主要包括：通过高质量的前端工程和设计进行详细的规划，并充分考虑所需应对的挑战；合理审慎选择整个供应链的经过实践证明合适的技术、设备以及合作伙伴；一流的项目管理，并合理分配资源；为施工现场准备以及关键机械设备准备经过预协商的合同；充分考虑项目所在国的文化、人文、地域等因素，鼓励项目管理团队，各个专业以及各利益干系人之间的良好合作关系；获得当地政府以及社区的支持。

《国际建设智能化》(*International Construction Intelligence*，Vol.6，No.6）杂志于2004年发表的调查报告从6个方面给出了工程总承包（主要指EPC工程总承包模式）在太平洋地区、欧洲地区和美洲地区的22个主要国家（包括中国）的应用现状与发展趋势。经调查得出结果，工程总承包模式在法国、希腊、英国、丹麦、挪威、瑞典、俄罗斯、澳大利亚、日本、美国等工业化国家以及在泰国、巴西等国家比较普遍，私营部门的项目比在公共部门的项目应用广泛，而且总体上仍处于上升趋势。采用EPC总承包方式不仅涉及工程设计公司和施工企业的经营战略变革，同时也使这些承包企业在竞争日益激烈的国际建筑市场发展自身优势，成长为国际工程总承包商。

2. EPC工程总承包模式国内发展现状

自20世纪80年代以来，借鉴西方发达国家的经验，我国开始积极在工程建设领域推行工程总承包，EPC总承包模式作为主要的工程总承包方式之一，在我国工程建设项目领域已经推广了30多年，特别是在我国相关部门的倡导下又有了飞速的发展。

20世纪90年代，建设部、国家计委和财政部等国务院有关部门颁发一系列的指导文件、办法和规定，推动我国勘察设计院和大型施工单位在工程建设领域开始开展工程总承包项目管理工作。在此阶段中，相关法规仍在逐步完善中。我国工程总承包市场已经开始形成，涉及行业有石化、冶金、化工等行业，工程总承包收入和规模不断上升，行业领域不断扩大。随着我国加入WTO以后，建筑市场国际化进程加快和政府鼓励国内具有实力的建筑企业实施"走出去"战略的需要，国内建筑企业的海外市场拓展力度日益加大，特别是在日本、韩国、俄罗斯、南非等投资建设的项目越来越多地采用EPC承包模式招标。在国内的建筑市场上，也涌现了大量的EPC项目。

2003年，我国建设主管部门为培育和发展工程总承包企业出台了《关于培育发展工程总承包和工程项目管理企业的指导意见》，在明确工程总承包基本概念和主要方式的同时，制定了进一步推行工程总承包管理的措施。2005年，建设部、财政部、劳动和社会保障部、国家发展改革委、商务部和国资委六部委联合发布了《建设项目工程总承包管理规范》和《关于加快建筑业改革与发展的若干意见》。文件指出，以工艺技术为主导的专业建筑工程、大型公共建筑和基础设施等建设项目，要鼓励大力推行工程总承包建设方式，特别是具有勘察设计、施工总承包等资质的企业，鼓励在其资质等级许可的工程项目范围内，拓展企业功能，提高企业的项目管理水平，完善项目管理体制，发展成为综合型的具有设计、采购、施工管理、试运行（试车）等工程建设全过程服务能力的总承包工程公司，开展工程总承包业务。这也正式结束了我国推行工程总承包管理没有依据的状况，标志着我国工程总承包进入规范化时期。

2008年7月，国务院出台《对外承包工程管理条例》，该条例为对外工程承包的科学发展提供法律支撑，为进一步加强和规范管理提供了法律依据。2011年10月27至28日，住房和城乡建设部建筑市场监管司组织召开了《建设项目工程总承包合同示范文本（试行）》宣贯会，这对明确总承包合同双方的权利和义务，维护市场公平，进一步规范总承包市场行为，保证工程总承包项目的安全和质量具有十分重要的意义。2016年，住房和城乡建设部发布《关于进一步推进工程总承包发展的若干意见》，明确提出将大力推进工程总承包、完善工程总承包管理制度、提升工程总承包能力和水平。

可以看出，从2003年"培育发展"到2016年的"进一步推进"这一措辞上的细微变化，实质上体现了国家对工程总承包的认可和大力推广的决心。

2017年，国务院第一次常务会议便提出要"改进工程建设组织方式，加快推行工程总承包"。同年2月，国务院办公厅在建筑业改革发展的顶层设计文件——《关于促进建筑业持续健康发展的意见》中（国办发〔2017〕19号），要求完善工程建设组织模式，加快推行工程总承包模式。文中还提出，装配式建筑原则上采用工程总承包模式；政府投资工程应完善建设管理模式，带头推行工程总承包。同年5月，住房和城乡建设部发布公告，批准《建设项目工程总承包管理规范》为国家标准，自2018年1月1日起实施。2019年，住房城乡建设部联合国家发展改革委员会对2018版《建设项目工程总承包管理规范》展开进一步修订，共同起草了《房屋建筑和市政基础设施项目工程总承包管理办法》（征求意见稿）。

这一系列行动表明，在新常态下，作为国民经济的支柱型产业，建筑业大力推进工程总承包模式快速发展，是必然的选择，也是行业未来发展不可逆转的趋势。经过多年的发展，工程总承包模式逐渐在建筑领域取得了部分成效并广泛应用于化工、石油、水利等部门的重大项目。根据中国招标网的数据，2016年期间，EPC招标的数量还是0，2017年快速增长，达到6102项；2018年更是可以用"井喷"形容，飙升至31091项。

我国国内从20世纪80年代中期开始，在政府部门的干预下，业主委托承包商承包建设模式，即EPC模式，开始起步，并组建了具有总承包能力的工程公司。国家政策的引导和市场经济的利润指向使更多的有实力的设计单位、施工单位以及项目管理公司开始向EPC总承包领域发展。但由于在对EPC模式的认识和体制方面存在的多种原因，国内对总承包模式依然存在着很多争论。当前我国工程总承包研究领域存在着几个重大的理论问题仍未得到一个明确统一的回答，也没有行之有效的解决方案。工程总承包的承包内容到底应该涵盖建设项目的哪些环节，承担工程总承包项目的主体到底应该是哪一方，应用工程总承包模式的根本目的应该是什么，关键措施到底有哪些，针对以上这些问题的认识仍然很混乱。与此同时，工程总承包模式在我国的适用性问题，使用范围到底有多大等问题都需要得到进一步合理的回答。

从行业实践反映来看，业内认为目前与EPC配套的法规制度等还很不完善，EPC模式尚很不成熟。

（1）现有相关法律法规等制度不完善。现有的条文虽然对推广工程总承包发展有一定作用，但该条文规定过于笼统，缺乏可操作性，许多责任义务划分并不明确，因此，目前为止我国实际上还没有一部真正意义上的关于工程总承包的法律法规。总承包模式在制度设计上尚不完善，对业主、总承包企业、项目负责人的责权利要求不够明确，在市场准入方面，包括报建、招投标、资质、审计审价、监管、图审、签字、增值税开票等存在诸多障碍，合同履约风险较大。

（2）工程总承包的项目管理不规范。主要涉及招投标（含评标）、工程合同（含分包）、资质管理、审图制度、造价定额、施工许可、施工监理、竣工验收、工程结算（含审计）、资料存档等行政管理和监管环节。部分业主的强势常常导致EPC总承包商自主性不够，在实际操作中难以组织起有效的管理。

（3）国内EPC总承包企业整体实力不强。企业内部项目管理体系有待完善，项目管理水平较低。目前我国大多数设计、施工企业没有建立起完善的项目管理体系，在项目管理的组织结构及岗位职责、程序文件、作业指导文件、工作手册和计算机应用系统等方面都不够健全，多数还是运用传统手段和方法进行项目管理，缺乏先进的工程项目计算机管理系统。在进度、质量、造价、信息、合同等管理方面同先进企业仍存在较大的差距。

4.1.3 EPC工程总承包模式工作流程

EPC总承包项目的产品就是工程，因此拥有工程建设本身所特有的过程。完整的工程总承包项目，其创造项目产品的过程一般要经过5个阶段，即策划阶段、设计阶段、采购阶段、施工阶段和调试/移交阶段。其工作流程如图4-2所示。

策划阶段主要是拟定项目计划，包括商业计划、产品技术计划、设施范围计划、项目实施计划以及合同策略；设计阶段主要包括规划设计、详细设计以及施工与采购策划；采购阶段包括采买、催交、检验、运输及保管等工作；施工阶段包括施工前准备、施工以及施工后清理等工作；调试/移交阶段包括项目投产计划、移交以及项目结束等工作。

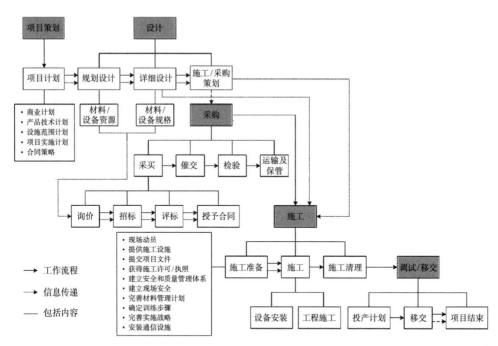

图 4-2　EPC模式工作流程

4.2 应急工程项目管理特点与难点

新型冠状病毒疫情肆虐，为加强对新型冠状病毒感染的肺炎患者的救治，全国多地都在纷纷兴建"小汤山医院"投用到这场疫情攻坚战中。我国应急工程项目大体分为两类，概述如下：

武汉、郑州、深圳、上海等地，在郊区或大型医院内空地新建应急医疗项目，此类项目多采用装配式建筑，占地面积广、层高低。

广州、长沙、黄冈、温州等地，则是采用对已有医院或新建成医院进行改造，使其具备呼吸类传染病医院功能。值得一提的是上海和长沙，其新冠肺炎定点医院均始建于2003年"非典"期间。

而这些应急工程实施过程，往往具备以下项目管理特点与难点：

（1）严峻的疫情形势下建设工期异常紧张，时间就是生命，工期进度第一位。

（2）由于工程建设工期异常紧张，多专业密集交叉作业，难以避免各类施工界面的相互冲突，关键工序及时穿插和接口部位的协调管理是重点，不能参照常规工程按部就班地施工，需贯彻快速建造思路。

（3）传染病医院项目不同于一般的建设项目，它有其特殊性，需要体现专业管理和设计理念，设计标准高，设计成果审核严格。

（4）为达到高效建造的目的，回顾各类应急工程项目建造过程，应急工程项目往往属"多边工程"，即勘察、设计、设计审核、施工、资源组织等同步进行，需各方协调配合，方可如期完成。

（5）材料设备等资源组织困难，防疫应急工程往往对材料设备有特殊要求，在极短工期情况下，不可按照常规工程模式根据设计要求进行选购和订制材料设备，设计与采购应相互结合，在保障使用功能的前提下，本着"有什么，用什么"的原则，选用可快速组织的建筑材料与设备，保障材料设备资源能快速组织到位。

（6）建造过程，参建人员都冒着被感染的危险在现场作业，需制定有效的防疫管理措施，保障建造人员的安全。

（7）工程质量管控难度大，医院工程的特殊要求对工程质量控制要求高，在极短工期下，需平衡进度与质量两者的关系，在不干预项目进度的情况下，抓准关键工序和关键质量问题。

4.3 应急工程应用EPC模式的必要性与科学性分析

4.3.1 应急工程应用EPC模式的必要性

EPC模式极大地适应了应急工程的管理要求，应急工程应用EPC模式可有效解决设计施工之间的矛盾，实现统筹协调。EPC项目管理把设计、采购、施工作为一个整体，有效避免传统管理中的缺陷：

（1）工程建设周期缩短。设计、采购、施工的组织实施由总承包单位统一策划、统一组织、统一指挥、统一协调和全过程控制的，沟通效率更高，设计、采购、施工各个阶段是相互搭接的，各阶段、各环节衔接更加紧密，有效地减少了传统模式下设计、采购与施工的中间环节与时间空当，设计、采购、施工之间可以合理、有序和深度交叉，在保证各自合理周期的前提下，能够缩短总工期。

（2）工程建造方案优化。总承包方可发挥主观能动性，对设计、采购、施工进行整体优化，设计、施工、采购技术人员都会参与项目设计阶段，工程在设计阶段不仅会考虑建筑、工艺流程等是否可行，同时还会从施工的难易程度、工程的成本以及功能的优劣等多方面进行衡量，将施工（包括材料、结构形式、采购、总平面布置、安装等）知识和经验尽早提前融合到设计中，提高设计的可建造性，这样的方案有效克服了设计、采购、施工相互制约和相互脱节的矛盾，有利于总承包方提高对设计方的主导与协调力度，由此不断优化工程项目建造方案，这种优化不再碎片化，具有科学性、整体性、系统性。

4.3.2 应急工程应用EPC模式的科学性

应急工程应用EPC模式，工程总承包商可从全局角度出发整合所有的工程资源，将工程设计、采购、施工有机地结合在一起，能够做到设计、采购、施工全过程的进度、费用、质量、材料的控制和规划，任务明确，责任清晰。

以沈阳市第六人民医院隔离病房新建及改建一期项目为例，应用EPC模式，创造了9天交付装配式病房楼，提前2天交付4号负压隔离病房楼的建设奇迹。

1.设计

工程总承包单位作为总协调组参与整个设计过程，包括原始勘察资料的收集、结构形式的确定、设备选型、方案优化、组织设计联络会等。同时，设计不是闭门造车，整个设计过程，设计方聆听、吸纳了多方意见，设计团队凭借丰富的经验和技术优势，顺利完成了设计方案并通过了评审。本着EPC管理模式的行事原则协调对外的衔接，包括与医院方的衔接，与施工现场的衔接，与政府部门的衔接等，上通下达，实现了信息沟通的有效对称。因为有了总承包单位的积极协调和组织，设计的进度和质量获得大大提升，这也为缩短工程工期提供了有力保障。

2.采购

采购对整个工程的质量、工期、费用及安全都有着直接影响。采购工作不仅要求对采购的质量和进度负责，而且需要衔接好设备跟现场施工的关系等。

沈阳市第六人民医院隔离病房新建及改建一期项目节点工期仅16天，如果按常规等待招标设计结束再进行施工和设备等的招标，显然无法保证进度。该工程总承包方在设计过程中就开展了相关施工和设备的采购工作，为加快进度，与设计部门一起，以设备的重要参数为基础，在最短的时间内有序、高效地确定了符合要求的设备供应商及施工单位，且承担全部采购风险。EPC总承包的优势在于协调设计工作人员直接参与到具体的设备采购工作中，做到了资源的整合，实现了采购与设计，采购与现场施工的无缝连接，确保了采购质量，为设备的按时供应提供了保障。

3.施工

沈阳市第六人民医院隔离病房新建及改建一期项目施工阶段，施工单位进场即遇到了下列难题：①沈阳属严寒地区，气温达-20℃，混凝土结构冬季施工难度大，龄期要求高；②施工场地狭窄，材料种类多，各专业系统交叉施工频繁；③4号负压隔离病房楼各系统及相关设备的安装与调试要求高。诸如以上的问题，如果采用传统的施工管理模式，对项目上所要配备的专业技术人员要求较高，且需做大量的协调、咨询工作，对施工进度不利。而采用EPC总承包模式，能将技术与管理、协调工作进行内部融合，从根本上克服并解决上述难题，加快了工程进度。例如装配式病房楼基础深化后用型钢代替混凝土基础，施工时考虑型钢基础平整度，提前根据设计图纸做好预留预埋孔洞，现场拼装要做到精准超平，管道安装必须做密封处理，卫生间、洗漱台等潮湿部位做好防水处理，明敷管道安装固定牢固，外漏连接构件及螺栓要做防锈处理，各专业系统交叉施工频繁，每一道工序均进行质量验收并做好记录。

实践证明，EPC总承包是一个高效、合理的项目管理模式，正是采取了这种管理模式，才会使这个在传统建设模式下需3个月施工周期的项目能在短短的13天的时间内顺利完成目标，期间还受到春节假日、疫情扩散及诸多不利天气因素的影响。同时，工程质量得到各方认可，整个施工过程无任何安全事故的发生，项目管理四大目标得以全部实现。

通过EPC模式在沈阳市第六人民医院隔离病房新建及改建一期项目的成功应用，深刻体会到实施EPC工程总承包管理，较好地满足了工程项目安全、质量、进度的要求，使工程项目达到优质、高效的效果，特别适合于此类有特殊要求的应急工程，应给予大力的支持和发展。

第五章

应急工程EPC组织管理创新

5.1 EPC模式下的组织管理研究

5.1.1 EPC项目组织管理相关概念及理论基础

组织管理，就是对项目管理设置健全的组织结构，建立科学完善的信息传递与管理系统，制定各种绩效评价与控制手段等工作的总称。工程项目管理中必须建立有针对性的组织机构，这样有利于提高EPC模式下工程项目的管理水平，必要时应借鉴国际国内大型企业的成功经验，并与自身的实际情况和工程项目实际需求结合起来，建立健全EPC总承包模式的组织机构。

1.项目组织结构类型

当前工程项目中常见的组织结构分三种：直线式、直线职能式和矩阵式。

1）直线式项目组织结构

项目管理组织中的各种职能均按直线排列，任何一个下级只接受唯一上级的指令。直线式组织形式的组织机构简单、隶属关系明确、权力集中、命令统一、职责分明、决策迅速；缺点是分工欠合理、横向联系差，对主管的知识和能力要求高。适用于工程项目的现场作业管理见图5-1。

2）直线职能式项目组织结构

直线职能式项目组织结构在坚持直线指挥的前提下，直线主管授予职能部门一定的决策权、控制权和协调权，即职能职权。职能部门在被授予的权限范围内，可以直线指挥下属直线部门。这种组织结构形式为国内大部分工程建设类企业所采用。见图5-2。

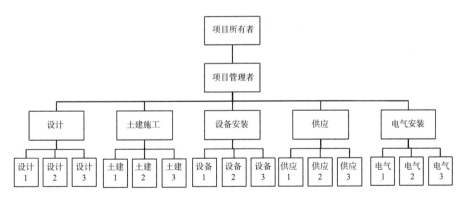

图5-1　直线式项目组织结构

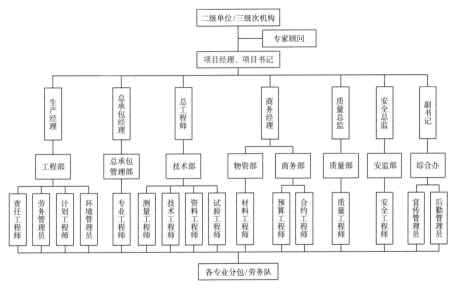

图5-2　工程建设类项目常用直线职能式项目组织结构

3）矩阵式组织结构

矩阵式组织结构加强了各职能部门的横向联系，体现了职能原则与对象原则的有机结合组织，富有弹性，应变能力强，主要适用于大型复杂或多个同时进行的项目。见图5-3。

2.项目组织协调与信息沟通

组织协调是项目管理的重要部分，是实现项目目标的重要方式。进行组织协调可以使项目矛盾的各方面居于统一中，通过协调解决界面间的矛盾和不一致，使组织结构趋于平衡，组织管理更加顺利和谐。

信息沟通则是组织协调的重要手段，是解决组织间矛盾和冲突的基本方法。组织协调的程度和效果依赖于组织成员之间的信息传递效率和沟通效果。项目管

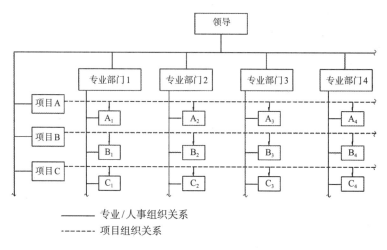

图5-3 矩阵式组织结构

理中，要设计好信息的传递流程和路径，从而可以根据不同的要求选择快速、误差小、成本低的传递方式。

3.项目组织管理控制

一般项目管理需要控制的内容包括进度、成本和质量这三大目标的控制，根据需求不同，也可以是对合同、风险和变更等管理内容的控制。项目实施控制是一个积极的过程，项目管理控制的工作内容和流程如图5-4所示。

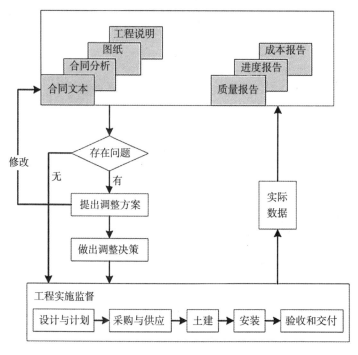

图5-4 项目组织管理控制流程

对项目组织管理进行控制，包括有前馈控制和事后评价等方式，可以根据不同的需求采用不同的手段。前馈控制，就是事先根据项目投入等一系列的分析研究，考虑即将产生的或可能产生的结果，与预期目标进行比较，采取控制措施，投入到实际实施过程中。而事后评价，就是在项目管理过程中或结束后，对评价节点之前已完成的内容进行控制评价，根据评价结果采取相应措施，并将措施实践到下阶段或下一个项目中去。

4. EPC项目组织管理架构要求

随着工程行业的不断发展，工程项目领域的竞争日益激烈，EPC项目模式因其优点被广泛应用，成为近些年来的流行趋势，这对行业内的资源整合及组织管理提出了更高的要求。EPC工程项目一般是涉及专业性较强、施工内容繁杂、风险高、成本投入大的复杂系统工程，因此EPC项目的组织结构管理难度非常大，不仅要划分各自的权限范围，还要加强各组织结构之间的配合力度，同时做好内部外部协调，以确保项目实施顺利。结合EPC项目的特点，其组织管理架构需满足以下几条：

（1）快速联动：EPC项目的融合特征，要求其组织管理架构能实现跨板块、跨专业的快速联动。

（2）扁平化管理：组织管理扁平化，减少管理层级，扩大管理幅度。

（3）动态管理：随着项目周期动态调整，打破单一岗位的局限性。

（4）强化总承包管理职能：总承包管理应平台化运行，强化计划管理、设计管理、专业协调、采购管理等职能。

5. EPC项目组织机构设置

在EPC项目中，总承包商首先和业主方签订委托合同，取得整个项目的负责权。其次在项目的各阶段推进过程中，总承包商还要和监理单位、分包商和供货商等建立合作关系。因此，总承包商建立有效的组织管理架构是十分必要的，有利于各参与方和总承包商内部各组织部门之间在物质、信息和资金等资源方面的沟通协商。根据项目组织结构设置的基本形式以及各种组织结构形式的优缺点，鉴于EPC项目的复杂性，EPC工程一般采用矩阵式组织结构。

某EPC项目矩阵式组织结构见图5-5。该项目组织管理针对项目实际情况，采用矩阵式组织结构，实现了组织架构精简化、业务板块系统化、人员分工动态化，符合"动态调整""宽幅设岗"的管理理念。

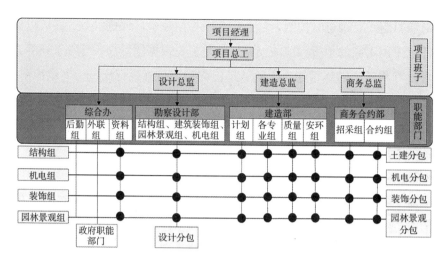

图5-5 某EPC项目矩阵式组织结构

5.1.2 国内外EPC组织管理研究现状

国外学者对EPC项目的协同管理进行了研究，Henri C. Dekker（2004）提出了项目成员间的信任机制和协同管理机制对EPC项目管理的作用，同时指出加强成员信任感、建立伙伴关系有助于项目协同管理。K.N.Jha等（2006）总结出了EPC项目协同管理效率的影响因素，提出进行EPC项目协同管理需要提前充分了解项目合同计划，就项目实施过程中出现的问题及时采取措施，项目各参与方明确项目目标，从而提高项目协同管理效率。EPC项目参与组织较多，难免有个别组织有不同的利益诉求，如果不协调好所有参与组织间的需求，很有可能会使项目在实施过程中产生很多矛盾，因此对EPC项目进行协同管理十分重要。

我国对EPC项目管理的研究主要包括项目组织管理、项目界面管理和项目组织界面管理这三部分。

1. EPC 项目组织管理研究现状

李明明（2007）提出了适用于EPC模式的项目组织结构模型，根据实际情况分析当前EPC项目中存在的管理漏洞，并提出整改措施。张学利（2008）从EPC项目设计、采购和施工阶段出发分别提出了各阶段项目管理的优化措施，提出了基于效用理论的投标决策优化模型。王云峰（2013）以深圳妈湾电厂专用卸煤码头改造工程EPC项目为例，针对工程中如何优化资源配置及组织机构，如何在工程中合理安排质量保证计划、安全保证计划和进度保证计划进行研究并提出建议和措施。杨晨曦（2015）基于BOT-EPC模式下的公共基础设施建设项目，运用WSR（物理-事理-人理）系统工程方法从项目管理角度进行了模型构建，通过物理-事理二维客观逻辑体系分析找到项目价值形成和增值路径，再通利用SNA（社会网络分析）技术构建模型，分析特殊关系对项目及项目组织的影响，使得项目组织能在项目建设过程中朝着有效形成项目价值的方向发展。

2. EPC 项目界面管理研究

阎长俊、李雪莹（2005）以传统建设模式和 EPC 工程总承包模式为例，探讨建设项目界面的成因与项目界面管理的意义。曹宁（2011）以工作联系为导向分析了EPC项目各参与组织间在设计、采购和施工阶段的界面管理内容。郭琦、杨国亮等（2014）从项目系统的角度建立了EPC总承包模式下界面系统总体框架模型，论述了EPC项目的各种界面在项目系统中的位置以及与系统之间的关系。

3. EPC项目组织界面管理研究

杨伟杰和廉金麟等（2012）从目标认知、组织文化、组织结构和信息沟通等角度建立了EPC项目组织界面管理评价体系，并通过模糊综合评价法评价了某EPC项目施工单位组织界面管理的有效性。郑霞忠、任瑞雪等（2016）通过建立EPC项目组织界面管理有效性的评价指标体系，应用改进灰色聚类方法对各指标进行评价，并通过具体案例分析证明该评价系统的可靠性。

综上所述，国内外学者在组织界面管理和EPC总承包项目管理上的研究和以往相比已经大有突破，给工程项目管理领域带来了新的思路，但是仍然存在不足和需要进一步研究之处，EPC项目需在实践中不断地探索、调整、完善，寻求组织管理创新和优化。

5.2 特殊时期应急工程管理的难点与措施

5.2.1 各专业协调管理的难点

1. 工序穿插复杂

病房改造需增加给水、排水、电缆、桥架、风管等专业，由于工期紧张，必须同时穿插施工，工序穿插复杂。给水排水、送排风、空气源热泵供回水管线多体量大，每个隔离病房、负压病房内都设置有卫生间，所有管线均需到达末端房间；由于工期紧任务重、病房走廊施工空间狭小；各专业管道必须分楼层同步进行安装，施工难度极大。

2. 严寒地区冬季施工地下管线敷设难度大

本工程变压器距施工楼1300余米，需接驳16根240铠装电缆才能满足病房一级负荷供电要求。排水管道总长度240余米，管径较大，分东北方向和东南方向两个排水点排至室外原有化粪池；给水主干管由西侧原院区低区给水井引来。正值寒冬季节，电缆及给水排水主管需破开冻土地下敷设，开挖长度及开挖工作难度大。

3.地下管线情况复杂且具有传染性

原院区地下管线经多次改造后情况复杂，据现有原管道图纸显示，地下敷设有氧气主管线、传染病房给水排水管线。若破坏原有管线，会导致原院区医疗相关设备无法正常运行，且存在病菌泄露传染风险，施工难度的风险系数增加。同时必须保证原院区电源、其他功能性管线在开挖过程中不受破坏正常运行。

4.现场材料周转场地狭小

现场材料临时堆放周转场地狭小，只能依靠院内行车道路且空间有限，同时要保障正常通车，各专业材料协调进场时间及行车调度难度大。

5.机电管线安装空间有限

由于为院区改造工程，需在原有空间及原有管线的基础上进行综合排布，还需保证交付使用后的净空高度。但由于空间、结构体系的复杂性，个别管线排布位置尤其是在净空有限的情况下无法完全满足设计要求，需与设计部门高度紧密配合，真正实现EPC管理的高机动性应变能力。

6.人员施工组织难度大

管道安装、焊接均需技术工人来完成；对于同一时间内组织大量技术工人同时施工，从组织协调施工到组织劳务及管理人员的需求数量，在短时间内解决都有很大难度。

5.2.2 协调管理措施

在施工期间，想要提升协调管理水平保证质量，就必须制定相应的施工管理制度，明确不同安装小组的施工责任。唯有如此，才能保证安装人员在施工的过程中提高施工管控意识，了解自身的安装责任。同时还应该做好相应的统筹管控工作，出现问题后及时交流沟通，提升机电安装工程的施工质量与协调管控能力。

在进行负压病房与隔离病房机电安装工程的前期准备时，应该从以下几个方面着手：①审核与检验施工设计图纸的科学合理性，确保图纸内容与医院构造相符合，对于设计需足够谨慎，保证在图纸设计准确的基础上优化施工质量。②做好安装材料的采购检验管理工作。由于医院机电安装工程中很多安装工作需要与医院本身的特殊性相契合，所以开展设备、部件的采购工作时，必须严格依据相关的安装标准来推进，保证所有进入施工现场的材料都带有质量检验合格证书与安装使用说明书。

在隔离病房与负压病房的机电工程施工过程中，安装问题的出现，很多是由于安装人员对施工技术的应用以及施工流程推进不合理导致的。为了杜绝该类问题发生，必须在具体的施工操作中严格管控工程施工工序，要求进入现场的所有施工人员按照机电设备安装说明书操作完成。

在负压隔离病房施工中，机电安装工作尤为重要。但是，当安装工作完成后，须针对设备的安装状态进行检测，保证其能够正常运行。另外，由于负压隔离病房内部所涉及的机电设备类型比较多，所以在管路的控制上也相对较为复杂，在进行施工时一定要根据设备的应用方向、使用特点选择有针对性的方法，如此才能有效提升机电设备的安装质量。以空气热源泵打压为例，在冬季严寒的沈阳地区，空气热源泵注水打压无法实现，要采用乙二醇加二级反透水加防腐复合剂代替水才能解决。

机电需结合总体施工部署，根据先低压后高压管道、配套紧跟的施工原则，结合各专业施工图，组织技术人员向工人交底。由于工期紧、任务重，公司派出的技术人员及劳务工人技术水平过硬，满足现场需求。在多点同时展开施工的情况下，每个组织体系都有技术人员指导，确保施工的效率与质量。设计地下管道前，应仔细参考原院区地下管线图纸，避让原院区管线，结合BIM技术，进行新院区地下综合管线设计，避免与原院区的管线冲突。原变压器距负压病房施工楼距离较大，严寒天气下管廊结构的施工难度极大，在与当地电力部门协调后，将箱式变压器移至施工楼附近，具体如图5-6所示。从原有设计的16根240铠装

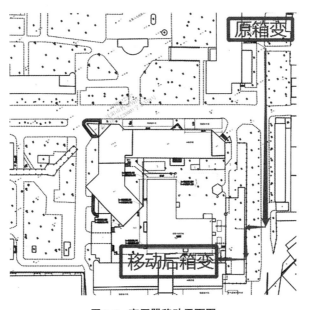

图5-6 变压器移动平面图

电缆变为一根高压电缆，极大地减少了电缆管廊结构施工与电缆敷设的工作量。地上病房的空间有限，设计地上管线时，应综合考虑现有空间的大小，结合BIM技术，正确排布各专业管线，避免因管线排布不合理导致空间高度不足的现象发生。

在机电安装工程推进的过程中，为了能够充分保障医院建设的工期，必须在施工的过程中加强与工程土建单位之间的沟通，使施工双方能够在密切配合下更好地完成工程建设工作。以电线的线路安装为例，土建部分施工完成后，机电设备安装人员马上进行施工时，就需要及时与土建施工人员之间构建良好的合作关系，促进安装工程的顺利推进完成。

5.2.3 成本管控难点

受疫情影响，原材料、人工费、运输费等成本上涨，给成本管理造成一定难度。成本管控难点在于：

（1）原材料等上游供应链断裂现象大面积出现，下游建筑材料价格上涨。

（2）上游房地产行业资金回流变缓和。

（3）企业面临劳动力数量减少和人员平均工资上涨的难题。

（4）人员、物资流动困难等诸多问题，造成成本压力。

以上问题导致建筑业企业现金流不足、资金周转压力和成本管控压力加大。

5.2.4 成本管控措施

严控材料成本。以施工图纸计算的材料损耗数量为基准，按照规范要求，合理完成钢筋搭接与瓷砖切缝拼合等措施，做到充分利用现有材料，严防浪费，同时与业主充分沟通，合理转移材料价格上涨风险，按照开源节流的原则加强材料成本管控。

积极与政府及行业主管部门沟通。为复工复产企业提供人力资源保障，解决企业用工难问题，发挥建筑行业对稳就业的重大保障作用；建议政府部门提供针对疫情停工及防疫工作的补贴，出台缓解现金流压力的多项扶持政策；开发交通运输绿色通道，加快物流、人流的周转速度。

5.3 应急工程EPC组织管理界面分析

5.3.1 EPC模式下的组织管理界面体系

以总承包商为基点，EPC项目组织界面可分为外部和内部两部分。外部组织界面分别是总承包商与项目业主、监理单位、分包商及供货商四方间的关系；内部组织界面是总承包商内部的以工作为联系的控制组、设计组、采购组和施工组相互间的关系。内部组织界面之间的协作和沟通效果，对完成项目三大目标、获取业主的满意和提升市场占有率具有积极作用。相对于外部组织界面，内部组织界面关系更为复杂，具体如图5-7所示。

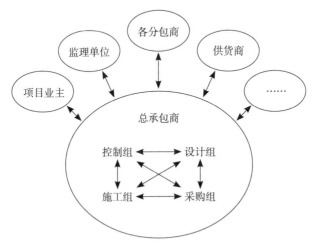

图5-7　EPC工程项目组织界面体系

1. EPC项目组织界面构成要素

EPC项目组织界面主要是在各参与方和参与方职能部门之间复杂、频繁的工作联系中产生的，本文主要从EPC项目组织间的工作联系来进行组织界面体系构成要素分析。

1）EPC项目内部组织界面

（1）控制组—设计组界面。

控制组和设计组之间的界面发生在EPC项目控制进度、控制费用和控制质量等相关工作的过程中。首先，控制组需要将进度计划、费用限额以及质量控制标准等文件告知设计组。其次，作为反馈，设计组要将设计进度计划以及实际进度情况报告控制组备案。

（2）控制组—采购组界面。

控制组与采购组之间的界面产生主要包括控制组需根据制定好的工程进度计划制定相应的采购进度和费用控制表，根据采购程序制定质量保证控制措施，对采购组所有的设备材料进行管理。采购组除了采购材料设备这些日常工作外，需要定期将采购计划、采购设备资料、实际采购进度、采购费用预算和实际花费以及一些变更报告等资料上交控制组。总之，控制组和采购组之间的界面需要各自负责人互相进行及时的沟通与协商。

（3）控制组—施工组界面。

控制组与施工组之间的界面工作联系比较复杂。首先，控制组需要根据实际施工进度协调各部门之间的工作，以减少施工组的工作障碍，并按时参加施工组定期召开的施工协调会议，帮助其与各相关部门沟通和协调。其次，施工组定期将施工现场的各种审核结果材料上报控制组，并协助控制组对各部门的协调工作，涉及施工方面的问题积极参与解决。

（4）设计组—采购组界面。

设计组与采购组之间的界面主要在双方协调选择项目施工分包商和采购供应商，以及进行材料设备采购的工作联系中产生。设计组需要根据设计计划制定采购限额报表并移交采购组以作参考，协助采购组对供应商的产品进行技术审核。采购组根据设计组的设计要求确定需要采用的材料以及设备表，编制相应的采购计划，选择合格的施工分包商以及采购供应商，并及时对供货商的产品进行质量评价。

（5）设计组—施工组界面。

设计组与施工组之间的界面工作联系最为复杂、繁多，如设计组对施工组进行设计交底，包括工程范围、技术要求、设备及材料数量、施工难度、注意事项、进度要求、质量控制等。在与施工组充分讨论协调后，设计组完成施工图的绘制，并参加施工招投标会议，在这个过程中提供一定的指导。另外，设计组还要配合现场施工，按规定进度完成施工各阶段的设计文件和图纸，解释说明工程量等问题。此外，设计组还要安排工作人员参加施工组定期召开的施工协调会议。施工组在配合上述设计组参与的各项工作的同时，要协助设计组完善设计图纸中存在的各种问题。由于设计组和施工组之间工作联系的错综复杂，双方之间因各自利益将会产生大量的界面问题。

（6）采购组—施工组界面。

采购组依据施工组的进度计划，为其提供所需要的材料与设备、详细的采购进度和材料的采买、储存等情况；在施工过程中，采购组要配合协助施工组的工作，施工过程中如果设备材料等出现问题，采购组要负责联系供货商或租赁商，协助施工组解决问题。此外，如果材料或设备因质量问题引起质量事故，采购组也要积极配合调查，协助处理相关事宜。施工组在配合采购组完成上述内容之外，为了让采购组的工作更容易展开，要充分帮助采购组了解施工流程等，并参与采购设备材料验收工作，如果出现问题，提前提出解决方案。

2）总承包商与业主方之间的界面

在EPC项目中，总承包商和业主之间存在合同关系，根据合同中责权利的分配，总承包商对设计、采购和施工等工作具有一定的自主权，但是业主也可以通过第三方机构对总承包商进行监督。因此，在双方进行日常工作交涉、沟通、汇报和衔接的过程中，将会产生较多的组织界面，如果双方对一些界面的利益诉求不一致，将会产生较多的界面冲突和矛盾。

（1）设计阶段。

总承包商需要根据设计进度参照设计文件完成各项设计工作，按阶段定期向业主方的项目管理部门汇报设计进度情况，共同协作以控制好设计阶段各重要节点，必要时总承包商应邀请业主方参加进度协商会议，业主方在应邀参加会议的同时，积极协助配合总承包商办理设计相关手续。同时，业主方还需参与总承包商组织的技术交底和设计图纸会审，协助解决设计不合理部分并给予指导。当项目设计产生变更时，总承包商及时向业主方上报变更，双方共同协商讨论提出设计变更的必要性。

（2）采购阶段。

总承包商首先需要将制定的详细的项目采购计划交由业主方进行审核，业主方审核通过后方可执行。其次，总承包商定期向业主方汇报采购内容和采购进度。在选择设备材料供应商的过程中，业主方协助和指导总承包商选择合适的供应商，并提供明确的采购质量标准。最后，在采购过程中总承包商要进行采购文件的交付与管理，向业主方提供相关采购文件，积极配合业主的要求，接受业主对采购全过程的监督管理工作。

（3）施工阶段。

施工阶段是EPC项目全生命周期中工作联系最复杂、最繁多的阶段。首先，在选择施工分包商上，虽然总承包商具有绝对的权力，但为了业主方和总承包商双方的利益最大化，应在业主的指导下选择合适的施工分包商。施工阶段的质量管理尤为关键，总承包商向业主方提供施工技术方案和施工组织设计，业主方将详细的质量标准要求和文件提供给总承包商，同时也可通过第三方单位协助验收总承包商的施工质量。对于存在的质量不合格情况，双方及时沟通协商解决。其次，施工阶段的进度会因为设计和采购阶段发生的变更而有所改变，总承包商应定时向业主方提供施工进度报告文件。

3）总承包商与监理单位之间的界面

在EPC项目中，总承包商和监理单位分别同业主方签订委托合同，双方并没有直接的合同关系，监理单位收到业主方的委托对项目施工进行质量监督与控制。监理单位需要对施工现场的情况进行全阶段的了解，定期进行检查和巡视，对没完成的进度节点和不符合质量标准的环节提出整改要求。总承包商需配合监理单位整改完成所有问题，并在整改完后将前后对比结果整合，上交监理公司报备。

4）总承包商与施工分包商之间的界面

总承包商虽然和业主方签订委托合同承包了设计、采购和施工阶段的业务，但是有些技术性较强的施工业务总承包商可以分包给专门的施工分包商，在这个委托分包的过程中双方之间就开始产生界面。首先，总承包商要和分包商充分协商明确施工任务和职责，在EPC项目中施工阶段可能需要多个分包商完成不同施工任务，因此总承包商要明确各施工分包商的职责和分工，尽可能减少因职责分工不明确引起的界面问题。其次，在质量监督方面，总承包商严格把控分包商的施工质量，分包商对施工过程中产生的问题积极向总承包商汇报，双方协商及时解决。EPC项目施工阶段是一个相对于其他阶段更复杂、工作联系更密切的过程，因此总承包商和分包商需要充分沟通并明确各自职责分工，尽量减少双方之间组织界面矛盾的产生。

5）总承包商与供货商之间的界面

在EPC项目的采购阶段，有些设备材料需要专业的材料供货商进行供货，总承包商需要和这些设备材料供货商签订委托供货合同，在此过程中双方间开始产生界面。总承包商负责督促供货商生产设备材料全生命周期的进度和质量，从原材料开始，包括制造加工、组装等一系列过程，直到出厂检验，供货商向总承包商提供产品质量检验文件。除了设备材料的生产制造，供货商产品出厂后需要进行产品运输，总承包商负责组织采购运输协调人员，协助供货商进行设备材料的运输。

综上所述，EPC项目虽然是业主将设计、采购和施工业务都委托给总承包商进行处理，总承包商具有相对较大的自主权，但是项目设计的参与组织较多，包括外部的总承包商、业主、监理单位、分包商和供货商等，总承包商内部的控制组、设计组、采购组和施工组等，这些组织相互之间存在着错综复杂的工作联系，在进行工作联系的过程中产生了各种各样的组织界面，作为EPC项目的组织管理者只有在充分梳理和合理设置这些工作联系的基础上，才能较好地完成EPC项目的组织界面管理。

5.3.2 应急工程EPC总承包组织界面管理影响因素

1. 组织目标差异

应急工程EPC项目建设涉及主体较多，就外部组织而言，总承包商、业主、监理单位、分包商和供货商各个组织单位存在不同的组织目标和利益诉求，他们对项目的任务、职责和最终目标的理解存在差异。在项目的具体实施过程中，各组织单位首先考虑自身的利益目标，完成任务时也优先考虑自身需求，这样就容易产生矛盾和冲突，组织界面产生较多问题。

以沈阳市第六人民医院隔离病房新建及改建一期项目为例，设计方侧重于设计质量，施工方追求建造进度，采购方则主要考虑采购的便利性和时效性，实施过程中难免产生冲突及矛盾。因此，协调各参与方组织的利益目标，尽量做到目标与利益一致的最大化，保证组织目标的整体性和层次性，合理分解各参与方组织的利益目标，可以有效减少组织界面问题的产生。

2. 组织文化差异

参与应急工程EPC项目的组织较多，组织人员主体数量较多。不同的组织之间有着不同的组织文化，这就导致不同组织的组织人员在处理同一个问题的时候有着不同的思考角度和侧重点，对同一问题的看法和责权分析也有出入。

以沈阳市第六人民医院隔离病房新建及改建一期项目为例，施工组及采购组由于缺少医疗相关专业知识，在与设计组的沟通协调过程中由于各自认知不同存在一些障碍，从而产生界面问题。这就要求各参与组织具有良好的文化氛围，增强主体间的信任度，规范完善组织制度，加强主体的纪律性和全局意识，从而更好地进行EPC项目组织界面的管理。

3. 信息沟通障碍

信息沟通问题主要包括信息黏滞、信息滞后、信息失真和信息缺失这四种方式，这四种信息沟通问题都对信息的有效性、准确性和及时性等产生一定影响。

以沈阳市第六人民医院隔离病房新建及改建一期项目为例，由于项目组织仓促，EPC项目组织界面各利益相关方属于不同的组织部门，在信息传递与沟通、项目问题处理等方面存在障碍。因此，为了减少因信息沟通障碍而引起的EPC项目组织界面问题的产生，项目管理者应建立相对完善的信息管理制度，采用相对高效的信息管理系统，从而保证信息传递与沟通的及时性、准确性、全面性和共享性。

4.职责分工和工作分配的不明确

总承包商作为EPC项目内外部组织界面的纽带，承担了重要的组织界面管理任务和职责。对外，总承包商要对其与业主、监理单位、分包商和供货商等的责、权、利进行合理划分；对内，总承包商需要对内部各部门的工作和职责进行合理分配。此外，如何设置组织工作流程直接决定了组织界面的形式和数量。如果在职能分工上划分不明确，在项目实际推进过程中，极易出现互相推诿的情况，从而产生复杂的界面冲突。

以沈阳市第六人民医院隔离病房新建及改建为例，4号负压隔离病房密闭门改造中，就因为密闭门压力表安装调试工作分配的不明确，导致了门窗供应商与机电分包商的界面问题。因此，为了减少因职责分工和工作分配不合理而引起的组织界面问题，总承包商进行组织界面管理的过程中应尽量保证工作指挥的统一性，责权利界定的合理性，使得管理层传达工作指令时具有及时性和有效性。

5.4 应急工程组织管理模式的构建和应用（协同管理）

为贯彻落实党中央、国务院关于防控新型冠状病毒肺炎感染的重要指示，辽宁省委、省政府把沈阳定为新型冠状病毒感染的肺炎集中救治中心，并要求加强定点医院建设。沈阳市委、市政府决定对市第六人民医院（以下简称市六院）改造建设，以提升防疫接诊能力。为全面保障项目建设，全力推进工程建设，建立健全组织架构是关键。基于横向、纵向两个视角建立管理体系，纵向依次指的是工程推进保障小组、现场指挥部、中建二局北方公司的领导关系；横向指的是管理组织内部的管理组织构架。

5.4.1 纵向管理体系

根据项目特点，组建覆盖政府组织、各参建企业和各参建劳务（专业）分包单位的纵向管理体系，具体见图5-8。

（1）第一层级：政府组织机构。沈阳市成立了由副市长担任组长的工程推进保障小组，成员单位包括市城乡建设局、卫健委、发改委、财政局、市纪委监委、审计局、市六院等部门和单位，并设立了综合保障、工程协调、资金保障和监督审计四个工作组，为项目保驾护航。

（2）第二层级：现场总指挥部。市城乡建设局和市六院组成现场指挥部，驻扎现场全程指挥，中建二局北方公司成立以董事长为总指挥，总经理、履约副总、总工程师为副指挥的工作领导小组,与中建东北院组成EPC项目联合体指挥组对接现场指挥部,统筹协调工程建设,决策重大事项,为项目快速推进和确保工程质量、安全提供了坚强保障。

(3)第三层级:项目管理部。各参建单位组织相应劳务分包、专业分包单位等组成项目管理部,采用矩阵式组织管理架构。项目经理对各项事务全权负责,统筹各项资源,协调各专业组人员配合完成工作任务;综合办负责现场后勤工作、资料整理,同时对接政府职能部门,接受监督和指导;设计部、建造部、商务采购组互相配合,协调全过程设计、施工、采购各板块的深度融合,明确各职责范围,做到主次有序、动态调整,按照设计要求,在保证工期、质量、成本、安全及环保等目标的前提下,推进项目的顺利开展。

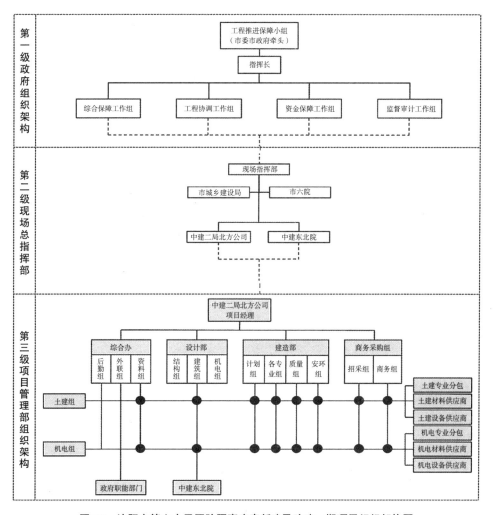

图5-8　沈阳市第六人民医院隔离病房新建及改建一期项目组织架构图

053

第五章
应急工程EPC组织管理创新

5.4.2 横向协调管理

由于工期短，各专业之间的大量交叉施工都需通过总承包商的协调才能有序地完成，为提高工作效率，合理安排分工，特制定以下横向协调管理措施：

（1）总指挥部协调会。第二级现场总指挥部每日召开协调会，市城乡建设局负责人、市六院负责人、中建二局北方公司指挥长、中建东北院负责人参会。会议一方面传达上级精神指示，集中讨论需指挥部协调的外部资源问题，对下一日工作进行部署；另一方面是现场巡查，指挥部负责人带队巡查现场，检查施工完成情况，现场反馈发现的各类问题。

（2）总承包内部协调会。每日定时召开，中建二局北方公司、中建东北院各板块管理人员参会，主要讨论当日进度完成情况，解决界面纠纷、工序穿插顺序等具体问题，制定下一日工作内容和流程。

（3）建立有效信息沟通机制。加强参建单位信息沟通效率，根据矩阵式组织架构图，搭建分层级、分专业、分事项的多个信息专用群，确保信息高效、及时地共享与互换。

第六章

应急医院建设项目总承包设计管理

设计是做好工程总承包项目的前提，设计将项目业主的要求转化为项目产品描述的过程，设计管理包含设计规范标准的选择、设计输出文件的审查、设计修改和变更等方方面面。设计管理使设计能够满足项目技术性能、质量标准和工程的可施工性、可操作性等要求，设计质量管理的水平对于设计的合理性乃至整个建设工程的质量、进度和投资控制都有着直接的影响。

6.1 设计管理原则

1.灵活性

依据国家、行业现行标准，严格执行设计规范与管理流程，保证设计成果质量的前提下，因地制宜、因时制宜，安全性＞防控流程＞规范要求＞日常使用要求。

2.可快速建造性

基于应急是首要目的，设计需配合施工、方便招标采购、保证工期，做到设计、采购、施工同步。

3.运行维护的低风险性

以保证结构安全、满足交付工期为前提，保证既定使用年限内工程质量，最大限度降低应急工程后期运行维护的风险。

6.2 设计管理内容

6.2.1 设计管理工作内容

（1）设计策划、进度计划及设计任务书：梳理总包合同及建设单位对项目履约的设计范围及界面、设计标准及限额、交付标准等各项指标要求，编制项目设计策划；根据投标文件、总包合同和建设单位要求的总体工期，结合项目整体实施计划，编制总体设计进度计划、各分项设计进度计划和各阶段设计任务书。

（2）设计过程管控：根据总体项目进度要求，对接和协调设计单位及时开展各阶段的设计工作以及报审、报批文件的编制，督导设计单位进行限额设计，跟踪协调设计单位及时完成建设单位和总包单位在项目实施各阶段所需的设计成果，实现对设计过程的监督与质量控制；在过程中针对设计单位提出的开展工作所需基础资料或需协商明确的具体问题，及时协调相关各方进行商讨并答复，保证设计工作的顺利开展。

（3）设计评审、设计优化：组织初步设计阶段关键技术方案的各方设计评审、优化和论证（包含总包内部和建设单位）；督促施工图设计单位严格落实校对、审核、审定三级校审，并组织施工图设计审查、优化（包含总包内部和建设单位、咨询单位、第三方审图单位）；对设计成果的质量进行全面把关，消除设计缺陷，提高设计质量，确保方案与施工图满足"安全、合规、经济、功能"四项基本质量要求。

（4）设计成果确认和移交：按照工程总体进度计划和设计进度计划，对设计单位提供的各阶段设计成果组织内部、外部相关部门进行审核确认，并提请进行最终方案类、效果类成果的三方（建设单位、设计单位、总包单位）确签；对确认后的设计成果及图纸，严格按照公司文件发放、归档流程执行。

（5）设计变更及现场配合：在项目施工及竣工阶段，对各方提出的设计变更需求，组织相关各方进行论证可行后，负责设计变更的技术落实、接收、评审、修改及发放工作；针对现场出现的技术问题，协调设计技术资源，配合项目工程、技术部及时进行处理。

（6）设计例会组织：定期组织设计例会，对项目设计、施工过程中遇到的需协商的设计及管理层面问题进行梳理和明确，避免出现积压和久而不决的问题，确保项目顺利推进。

（7）内外其他部门工作配合：负责协调项目实施过程中内部和外部相关部门

的接口工作，做好与各部门、各单位之间的配合工作。

（8）竣工验收及交付配合：在竣工验收阶段配合项目部整体安排，协调相关设计单位完成验收工作，并针对出现的设计及技术层面问题提供解决方案。

（9）设计文件归档管理：按照公司设计及管理文件归档规定要求，对设计及管理文件进行分类、编码、归档、保管移交等。

（10）信息收集及上报：负责设计信息的整理，及时、准确地上报领导和有关部门。

（11）现场品质缺陷自查自检：在项目施工过程中，根据施工阶段，及时对现场施工的外观品质及缺陷进行自查自检，形成意见后协调工程部落实整改，避免出现后期交付问题。

（12）设计复盘总结：项目完工后，进行项目设计和设计管理工作复盘总结，积累设计和设计管理经验，为后续项目提供有利参考。

6.2.2 应急工程EPC工程设计管理工作模式

沈阳市第六人民医院隔离病房新建及改建一期项目设计时间短、技术标准要求高，当时尚无成熟完整应对新冠肺炎病房非医疗环境控制的标准。设计人员需要在很短的时间内，不断地学习、研究相关技术标准和要求，结合东北区域特点和使用方需求，与多方共同进行方案探讨推敲，解决技术难题，结合现场情况迅速判断确定实施方案。同时，还要面临抉择错误和突破现行规范的各种风险与挑战。又因工期紧张，设计、采购、施工同步进行。如何实现设计、采购、施工相互融合，互相促进，保障项目的完美履约，是此类应急工程EPC总承包工程的管理重点。

沈阳市第六人民医院隔离病房新建及改建一期项目管理团队在项目实施建造过程中，针对此类应急工程EPC总承包工程的特点，对设计管理工作模式进行了探索研究和实践应用。具体举措有：

（1）定期组织设计协调会，解决设计及现场难题，设计单位、施工单位、商务采购组根据现场实际情况灵活安排相关人员参会，实现沟通配合上的高效性。

（2）总承包单位接到任务后，与设计方共同办公，共同参与前期设计方案研讨、现场踏勘、设备选型、外部协调、设计评审、建造过程设计优化等工作。

（3）总承包单位现场设置专职协调管理人员，设计单位派专人24小时驻场，及时收集、反馈问题。

（4）建立现场巡查制度，由中建二局总工程师带队，设计单位参与，每日巡查建造现场，现场协调解决实际问题，每项问题解决时限为半小时。

（5）设置专人配合设计单位完成项目竣工交付及维保工作。

主要工作内容见表6-1：

设计管理工作主要内容

表6-1

工作阶段		解决主要问题
方案设计阶段		①确定以装配式钢结构箱式房作为新建病房楼主要的建设用材； ②考虑到严寒地区冬季施工天气原因，装配式病房楼确定为钢结构基础施工； ③4号楼现场勘测，完善改造加固所需设计原始图纸； ④4号负压隔离病房楼在尽量不改变原有结构受力体系的前提下，采用新增辅助钢结构构件或辅助钢结构体系的方式，减少土建加固量，缩短工期
设计、施工并行阶段	土建专业	①装配式病房楼室外坡道更改为钢结构坡道，减少湿作业； ②4号负压隔离病房楼门窗拆改加固采用双拼预制钢筋混凝土过梁代替现浇过梁，减少湿作业，提高拆改速度； ③负压病房墙面采用医用洁净板，经过招标采购部门多方协调资源，仍然无法保证供货。为了保证现场进度，设计团队果断将洁净板变更为较容易采购的医用洁净漆，既满足医疗卫生要求，又规避了因洁净板无法到货影响交付的风险
	通风空调专业	装配式病房楼： 受资源供应限制，对排风管道进行变更，将镀锌钢板变更为PVC管，粘接，保证截面积不变的情况下，方管变圆管，保证工期； 4号负压隔离病房楼： ①优化通风空调设备安装位置，减少屋面设备荷载，避免破坏原有屋面结构，便于后期维护； ②各专业管线综合排布，调整风管、风口位置标高，避免各专业设备碰撞，保证走廊净高； ③优化通风管道排布，避免通风管道穿越屋面，减少屋面开洞封堵工作量； ④空调水系统介质调整为25%浓度乙二醇溶液，造价稍有提高，解决了管道和设备受冻问题，同时也解决了运营期间的后顾之忧
	电气专业	①调整箱式变压器位置，减少了电缆管廊结构施工与电缆敷设工作体量； ②因主电缆采购困难，调整供电电源，4号负压隔离病房楼采购箱式变电站供电，装配式病房楼由3号楼配电室供电，既规避了物资不足问题，又有效利用了预留余量； ③结合现有电缆资源情况，变更电缆型号，尽量统一规格、型号，减少采购和施工难度，保证工期； ④增加紫外线灯具布置，完善设计，消灭死角，提升安全保障
	给水排水专业	①立柱式洗手盆更改为不锈钢悬挂式洗手盆，增大缓冲间内可利用空间，为其他安装工程提供便利条件； ②优选给水支管管材，由PPR管变更为不锈钢管，保证室内卫生，延长使用寿命，减少维修；同时，统一材质，将方便采购与现场施工； ③优化给水支管管线，综合考虑工期、楼体破坏等各方面因素，变更方案，在卫生间下方的冷水管支管处加设三通，经由卫生间地面明敷后，穿墙通至缓冲间，解决卫生间的给水问题； ④利用洗手盆的排水以及空调冷凝水管的排水给地漏补水，保证存水弯的使用功能有效； ⑤洗手盆下方的排水软管变更为成品塑料管，加快现场机电安装进度

工作阶段		解决主要问题
设计、施工并行阶段	医用气体专业	吸收管道优化为薄壁不锈钢管，卡压连接，加快现场施工进度，更好地把控施工质量
交付运维阶段		①配合设计单位编制建筑使用说明书； ②配合完善竣工图纸； ③成立交付后工程维保部门，为医院运营提供有力保障

6.3 各专业设计

6.3.1 建筑设计

1.建筑概况

本工程位于沈阳市和平区沈阳市第六人民医院院内，是为抗击新型冠状病毒感染肺炎疫情，遏制其蔓延并有效治疗感染患者而紧急建造的临时医用箱式房。整体布局主要包括负压隔离病房、急救设备存放室、值班室、办公室等。

装配式病房楼新建工程为临时建筑，建筑层高为3m，层数为2层，建筑总高度6.41m，总建筑面积为2342m²，使用年限为5年，耐火等级为一级。装配式病房楼功能分区见图6-1。医院因时间紧采用箱式房标准化施工，受标准化模块尺寸限制，每间病房为3m宽，6m长，走廊1.8m宽。建筑所容纳床位数为50床。

4号楼按负压病房改造设计，按医疗流程分清洁区、半污染区、污染区，共设48间负压隔离病房及配套设备用房。

2.设计依据

（1）沈阳市发展和改革委员会印发《市发展改革委关于防控新型冠状病毒感染肺炎疫情建设隔离设施的汇报》的通知。

（2）建设单位，卫生局对方案的修改意见。

（3）国家现行的技术标准、规范、规程和规定：

①《民用建筑设计统一标准》GB 50352—2019；

②《无障碍设计规范》GB 50763—2012；

③《综合医院建筑设计规范》GB 51039—2014；

④《传染病医院建筑设计规范》GB 50849—2014；

⑤《建筑设计防火规范》GB 50016—2014（2018年版）；

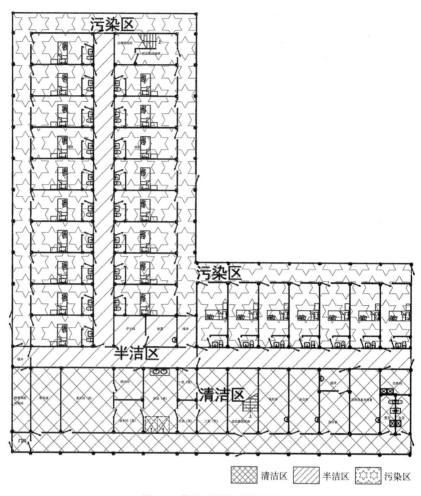

| 清洁区 | 半洁区 | 污染区 |

图6-1 装配式病房功能分区

⑥《建筑内部装修设计防火规范》GB 50222—2017；

⑦国家及沈阳市各类相关建筑设计规范及法律、法规、法令等。

3.方案确定

疫情期间应急传染病医院的建设迫在眉睫，建设团队第一时间将各方纳入其中，配合施工、方便招标采购、保证工期，设计与施工同步。装配式病房楼，50间普通病房，做常规通风，共二层。4号负压隔离病房楼改造设计，新风机房新增设备基础、楼板开洞等，按医疗流程分清洁区、半污染区、污染区，共设48间负压隔离病房（图6-2）。

装配式钢结构箱式房便于运输、移动方便，吊装到现场即可使用，对地基承载力的要求较低，大大简化了地基处理和建筑基础的设计施工，节省了建设周期，最大限度实现了项目的模块化、工业化、装配化，提升工程建造速度。

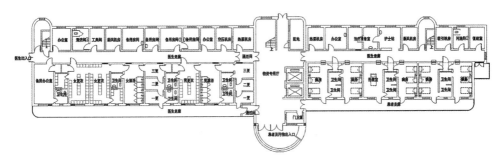

图6-2 4号负压隔离病房楼一层布置图

4.设计要点

1）保障时间节点

为保证工期，沈阳市第六人民医院隔离病房新建及改建一期项目建造过程中汇集医管、规划、消防、环保等部门进行现场方案会审。核算供电、采暖需求，采购供电模块、供热模块，整包同步实施。

2）保障医疗安全

本项目与既有院区建筑相对清晰隔离，采用隔离墙等设施确保物理隔离；同时独立设置医护、患者、污物、后勤出入口，确保流线不交叉；并且设置缓冲间，三区之间分割有效。

由污染区返回清洁区入口部，设置穿脱隔离服、防护服间，能够有效保护医护人员安全、保障其工作环境。设置观察窗、传递窗等设施，减少医护人员接触患者概率。

3）保障消防安全

装配式病房楼新建工程为多层临时建筑，耐火等级为一级。建筑用地范围内新建建筑与其他相邻建筑间距均大于6m，不大于6m处，采用屋门窗洞口的防火墙与其他建筑分隔，满足规范要求，沿建筑设置环形消防车道，建筑主体四角直接落地。建筑内每层为一个防火分区，每个防火分区不大于2500m²，每个防火分区有至少3个安全出口。

新建建筑内设有3部楼梯间，疏散楼梯总宽度为4.5m，固定疏散人数为100人，满足规范疏散宽度不小于0.65m/百人的要求。首层楼梯间距离最近安全出口不超过15m；当房间位于两个安全出口之间时，房间门最远点距离安全出口小于35m；当房间位于袋形走道尽端时，房间门最远点距离安全出口小于20m。

除此之外，建筑内部构造和设施还满足了如下要求：楼板的医用氧气管道敷设在套管内，并采用不燃材料将套管间隙填实。防火门符合现行国家标准《防火门》GB 12955，除常开式防火门外，防火门还具有自行关闭功能，加设了闭门器；双扇防火门具有按顺序关闭的功能，安装了顺序器。所有消防设备、防火门窗、防火卷帘均选用了消防部门认可的产品。

疏散走道两侧玻璃隔断耐火极限大于1小时，耐火完整性及耐火隔热性应满足规范要求。

6.3.2 结构设计

1.结构概况

装配式病房楼新建工程建于六院院内原停车场区域，有原始沥青混凝土硬化路面方便工字钢直接定位铺设。但是地面整体标高偏差较大，最大高差360mm，采用工字钢作为板房基础无法调平高差。经讨论最终决定采用工字钢+钢板垫片的形式进行铺垫、找平，采用红外线激光找平仪进行调平，调整完成后工字钢与工字钢、钢板垫片间采用焊接方式进行加固。图6-3是装配式病房细节图。

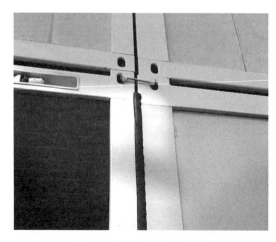

图6-3 装配式病房楼细节图

由于沈阳冬季气温过低（工期内夜间平均气温-20℃），同时工期异常紧张，常规的钢筋混凝土基础强度上涨缓慢不能及时满足基础最低强度要求，因此采用预制基础形式进行施工。经过设计核算确认，选用20号A工字钢可以满足板房基础的强度要求。

本防腐使用年限为5年。腐蚀性等级：室内环境Ⅲ（轻腐蚀）；室外环境Ⅳ（中腐蚀）。

2.设计依据

1)《钢结构设计标准》GB 50017—2017

2)《钢结构工程施工质量验收规范》GB 50205—2001

3)《钢结构焊接规范》GB 50661—2011

4)《建筑钢结构防腐技术规程》JGJ/T 251—2011

5)《建筑钢结构防火技术规范》GB 51249—2017

6)《钢结构防火涂料应用技术规程》CECS 24—1990

7)《钢结构防火涂料》GB 14907—2002

3.4号负压隔离病房楼改造工程设计

4号楼按负压病房改造设计，承重结构所用的钢材应具有屈服强度、抗拉强度、断后伸长率和硫、磷含量的合格保证，对焊接结构尚应具有碳当量的合格保证。焊接承重结构以及重要的非焊接承重结构采用的钢材应具有冷弯实验的合格保证，对直接承受动力荷载或需验算疲劳的构件其所用钢材尚应具有冲击韧性的合格保证。

钢材的屈服强度实测值与抗拉强度实测值的比值不应大于0.85；钢材应有明显的屈服台阶，且伸长率不应小于20%，钢材应有良好的焊接性和冲击韧性。采用焊接连接的钢结构，当接头的焊接约束度较大、钢板厚度不小于40mm且承受沿板厚方向的拉力时，钢板厚度方向截面收缩率不应小于国家标准《厚度方向性能钢板》GB/T 5313关于Z15级规定的允许值。

高强度螺栓性能等级为10.9级，扭剪型螺杆及螺母、垫圈应符合《钢结构用扭剪型高强度螺栓连接副技术条件》GB/T 3632—3633的规定；大六角型及配套的螺母、垫圈符合《钢结构用高强度大六角头螺栓、大六角头螺母、垫圈技术条件》GB/T 1231的规定；高强度螺栓的设计预拉力值按《钢结构规范》GB 50017—2003的规定采用。普通螺栓采用C级及配套的螺母、垫圈，C级螺栓孔。

焊接材料上，Q235钢材用的焊条采用E4315、E4316，符合国家现行标准《碳钢焊条》GB/T 5117的有关规定。Q345钢采用的焊条型号为E5015、E5016，符合现行国家标准《低合金钢焊条》GB/T 5117的规定，所选用的焊条型号与主体金属相匹配。不同强度的钢材焊接时，焊接材料的强度按强度较低的钢材采用。自动焊和半自动焊接采用的焊丝和焊剂与主体金属相适应，且其熔敷金属的抗拉强度不小于相应手工焊条的抗拉强度。Q235钢、Q345钢采用的焊条、焊丝分别符合《建筑钢结构焊接规程》的要求。焊丝应符合现行国家标准《熔化焊用钢丝》GB/T 14957、《气体保护焊用碳钢、低合金刚焊丝》的规定。全熔透焊缝的质量等级均为二级，并符合与母材等强的要求。全熔透焊缝的端部设置了引弧板，引弧板的材质应与焊件相同手工焊引弧板厚8mm，焊缝引出长度大于或等于25mm。

4.装配式病房楼新建工程设计

设计之初，根据工程特点首先需要明确如下设计标准：结构的设计使用年限，耐久性年限；结构的安全等级；构件的安全等级；结构抗震设防重要性类别及抗震设防的有关要求；钢结构防腐措施、钢结构防火措施。同时需要考虑规范规定、工程的实际情况、施工可行性。

根据上述原则，建筑物应定性为临时建筑。本工程结构的设计使用年限确定为5年。虽然本项目为一个临时建筑，但考虑其性质为医疗建筑，结构安全等级确定为二级，结构重要性系数不宜小于1.0，部分重要构件可取1.1。

结构荷载作用，应按现行国家标准《建筑结构荷载规范》GB 50009的规定执行；风荷载和雪荷载，按50年一遇取值计算结构荷载作用。结构设计满足正常使用状态和承载力极限状态的相关要求。

根据相关规范规定，临时建筑通常可不考虑抗震设防，但考虑本工程是医疗建筑，确定不进行抗震计算，但满足本地区抗震构造措施。由于设计周期及建造时间极短，故此在设计过程中充分考虑材料供应、施工进度等不利因素的可变性及可行性。

根据场地标高方格网对板房基础图纸进行深化设计，铺垫完工字钢之后，确定工字钢顶部标高与基础设计标高的高差，从而量化每根工字钢上需要加装的钢板垫片数量。其后，根据建筑物的定位以及各材料设备重量，同时考虑现场实际的情况，在场地内部合理布置汽车吊，确定选型和站位以及各材料堆场的位置和大小（图6-4）。

图6-4 装配式病房楼建造过程

6.3.3 通风空调专业设计

1. 主要设计依据

本项目为应对新型冠状病毒的临时应急型传染病医疗建筑，设计阶段并无专门针对性的规范或技术导则，故主要执行的规范还是《传染病医院建筑设计规范》GB 50849—2014、《医院负压隔离病房环境控制要求》GB/T 35428—2017、《综合医院建筑设计规范》GB 51039—2014、《医院隔离技术规范》WS/T 311—2009。另外包括部分常规民用建筑设计规范，《民用建筑供暖通风与空气调节设计规范》GB 50736—2012、《公共建筑节能设计标准》GB 50189—2015、《供热计量技术规程》JGJ 173—2009、《建筑给水排水及采暖工程施工质量验收规范》GB 50242—2002、《通风与空调工程施工质量验收规范》GB 50243—2016、《建筑节能工程施工质量验收规范》GB 50411—2007等。

2. 主要设计范围

本设计是为抗击新型冠状病毒感染肺炎疫情，遏制其蔓延并有效治疗感染患者而对院区4号楼进行改造设计，使其成为收治确诊病人的负压隔离病房楼，同时新建装配式临时病房楼，使其成为隔离疑似病例的普通病房。本项目时间紧、任务重，为了保证卫生防疫要求和院方抗击新型冠状病毒感染肺炎疫情的病房使用要求，4号楼采暖系统保留现有设计不变，重点设计负压通风系统，装配式病房楼为无负压病房，设计范围包括通风设计、采暖设计、空调设计等。改造项目的消防设计不低于原有消防要求标准，在疫情结束后报消防审核，按审核意见进行整改。

3. 设计概况

1）空调工程

装配式病房楼采用分体式空调，4号负压隔离病房楼采用空气源热泵空调系统，共设30台空气源热泵机组来负担新增新风负荷。

2）通风工程

装配式病房楼主要为普通隔离病房，病房及办公室设机械送排风系统。4号负压隔离病房楼主要为负压病房，病房、医务办公室、更衣室、走道等设置机械送排风系统，分区设置，保证房间压差梯度，有效控制气流流向，形成从洁净区到污染区的气流组织，负压程度由高到低依次为卫生间、负压隔离病房、缓冲间、内走廊（图6-5、图6-6）。

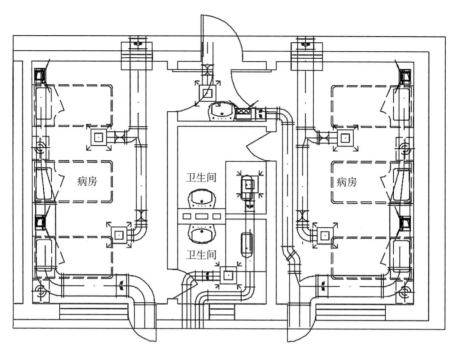

图6-5 典型负压病房格局

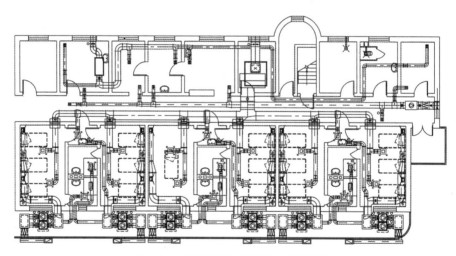

图6-6 负压隔离病房楼通风系统平面图

3）采暖系统

4号负压隔离病房楼采用原有采暖系统，装配式病房楼采用电供暖散热器形式。

4.主要设计指导原则

根据火神山、雷神山医院设计经验，以及SARS期间高花"非典"防治应急医院及沈阳市第六人民医院防治应急项目的设计经验，确定如下设计指导原则：

（1）应急医疗设施应设置机械通风系统。机械送排风系统应按污染区、潜在污染区、清洁区分别设置。

（2）严寒、寒冷地区的机械送风系统应设置冬季供热、夏季供冷等保证室内温度的处理措施。

（3）冬季供热热源须考虑气候特点、场地条件、节能低碳等因素，因地制宜地进行多方案比选。可采用地源热泵、空气源热泵、市政热力等单源或多源组合的热源供给方式。

（4）清洁区的机械送风系统最低应经粗效、中效两级过滤；潜在污染区、污染区的机械送风系统最低应经粗效、中效、亚高效三级过滤。新风机组设在清洁区。送风系统取风口不宜设置在排风系统排出口建筑的同一侧，并应保持安全距离。

（5）排除有污染性气体的机械排风系统应经高效过滤处理。排风系统的排出口不应临近人员活动区，排气宜高空排放。

（6）保持负压的排风机宜设置备用。排风机宜设置在建筑室外，设于室内的排风机的位置不应低于防护区等级，且排风机正压风管道应采取高等级防渗漏措施。

（7）负压区内排风量大于送风量，保证房间压差梯度。负压程度由高到低依次为卫生间、负压隔离病房、缓冲间、医护走廊。

（8）污染区空调的冷凝水应集中收集，随各区废、污水集中处理后排放。

（9）负压隔离病房（包括ICU）设计应符合下列规定：①负压隔离病房宜独立设置送排风系统，排风系统的排风宜单独排出；②负压隔离病房应采用全新风直流式系统；③负压隔离病房的送风应经过粗效、中效、亚高效过滤器三级处理。排风应经过高效过滤器过滤处理后排放；④负压隔离病房排风的高效空气过滤器应安装在房间排风口部；⑤负压隔离病房送风口应设在医护人员常规站位的顶棚处，排风口应设在与送风口相对的床头下侧；⑥负压隔离病房与其相邻、相通的缓冲间、走廊压差应保持一定的负压差。门口宜安装压差显示装置。

（10）应急医疗设施的手术室应按直流负压手术室设计，并应符合国家现行标准《医院洁净手术部建筑技术规范》GB 50333的有关规定。

（11）送、排风机宜变频控制，按照压差要求调节排风量。

（12）暖通空调系统设计以及材料、设备的选型，应综合考虑指标达标、快速建造、系统简单、运行调试简单、便于维护等需求。

5.通风空调系统设计方案比选

本工程通风空调系统的设计方案几经易稿，最初考虑新建和改建病房全部设计为负压病房，采用空气源热泵新风系统，设计电预热、电极加湿，装配式病房楼供暖采用风机盘管形式。然而，这种方案比较理想化，实际的设计方案需要考虑以下几方面制约因素：

（1）在疫情和春节假期双重因素影响下，工厂关门、店铺歇业，相关设备、材料不易得。

（2）工期极短，需要应急病房快速投入使用，系统不宜过于复杂，不能一味追求高质量、高规格，不宜照搬、照抄规范。

（3）通风空调工程电力负荷巨大，现有供配电条件难以满足全部用电负荷，必须有所取舍。

（4）沈阳地区春节期间最低气温为-20℃，必须考虑严寒气候下如何解决采暖、空调水系统防冻、设备防冻、水系统调试等问题。

作为工期异常紧张的临时应急防疫工程，设计首先要考虑的问题是：项目的可快速建设性、设备的可得性、系统的可靠性、运行维护的低风险性。不能设计出一个系统过于复杂、设备材料不可得、难于实施、调试工作量大、运行维护困难的系统。

经过主管部门、院方、设计单位、施工单位、供货商的共同协商，设计和施工团队对相关电力负荷、电缆线径、电缆路由、主要设备参数、设备尺寸等进行了大量调研、计算和复核，在有限的资源条件下，制定了能够满足使用要求的通风空调系统方案：

（1）为了安全可靠、便于建造，能源以电力为主。

（2）如全部设计为无负压病房，暖通电力负荷巨大，且工期较长，结合收治要求，4号改建病房楼设计为负压病房楼，共48间，设置机械送排风系统，装配式病房楼为病房楼，做常规通风设计，共50间。

（3）立足节能，4号楼采用空气源热泵直流新风系统，并充分利用原有供暖系统，达到采暖效果，装配式病房采用分体空调和电暖气系统进行采暖。

（4）为了合理利用有限的电力容量，取消新风电预热、电极加湿等措施。

（5）不设容易造成交叉污染的热回收系统。

（6）所有设备选型均从实际出发，整合现有设备、材料资源，同时满足功能需求、招标采购需求和工期要求。

6.通风空调系统设计要点

1）负压病房设计

医疗建筑区别于其他建筑的最大特点，就是隔离和防护。所以，保证各功能区之间压力关系的正常、防止交叉污染是暖通专业设计的重中之重。本项目潜在的交叉感染分为两类：医护人员与患者之间的感染、患者之间的感染。考虑到本医院收治的是同一类病人，所以将预防"医—患"之间的交叉感染放在首位，而预防"患—患"之间的交叉感染则通过细化分区来实现。其优先级是首先保"质"，就是压力梯度的关系要对，即气流清洁区—潜在污染区—污染区的流动方向要完全正确；其次保"量"，也就是压差关系的数值要符合规范要求，即相邻相通不同污染等级房间的压差要不小于5Pa。

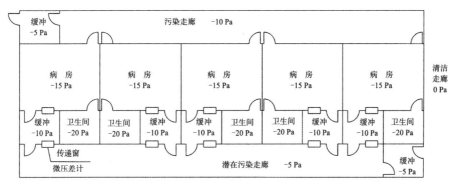

图6-7 典型传染病房压力梯度要求

图6-7为《医院负压隔离病房环境控制要求》GB/T 35428—2017中的标准模式。与此相比，4号改造病房楼1楼形成3区3廊格局，即：清洁区（更衣室、医护办公区）、潜在污染区（护士站、治疗准备区）、污染区（病房、病房卫生间），医护走廊（清洁区）、普通医护走廊（潜在污染区）、病人走廊（污染区）。2-4楼形成2区2廊格局，即潜在污染区（护士站、治疗准备室、办公室）和污染区（病房、病房卫生间），医护走廊（潜在污染区）和病人走廊（污染区）。

2）通风量的计算与选取

《传染病医院建筑设计规范》GB 50849—2014第7.4.1条规定："负压隔离病房宜采用全新风直流式空调系统。最小换气次数应为12次/h。"对应本项目的病房最小送风量为900m³/h。北京小汤山医院建设时，该规范还未实施，每间病房设计送风量225m³/h，设计排风量350m³/h，经过与火神山医院设计团队沟通，确定其标准负压隔离病房设计标准为16次/h排风，12次/h送风，对应的排风量为864m³/h，送风量为648m³/h。从空调舒适性角度出发，本项目投运初期沈阳市室外最低温度在-20℃左右，过大的新风量对室内温度的维持不利且能耗巨大，会对能源条件提出过高的要求，而本项目电力容量有限，不宜照搬规范。

考虑到本次疫情的特殊性和现场有限的资源条件，设计团队进行了反复的对比分析，并参考火神山医院和小汤山医院暖通设计团队的意见，最终确定按照四类场合确定送风量、排风量，分别是：标准负压隔离病房12～13次/h排风，10次/h送风，缓冲区6次/h排风，5次/h送风，走廊4～5次/h排风，3次/h送风，更衣室2次/h排风，3次/h送风（表6-2）。按照规范要求，洁净区对室外保持正压，排风量与送风量的差值不小于150m³/h。考虑到4号楼为老楼，围护结构密闭性不佳，为了充分保证压力梯度，故差值按照150～225m³/h选取。

室内通风设计参数 表6-2

房间名称	室内压力	排风换气次数	新风换气次数
负压病房（污染区）	-30Pa	12～13次/h	10次/h
缓冲（污染区）	-15Pa	6次/h	5次/h
病房卫生间（污染区）	-35Pa	15次/h	—
走廊（潜在污染区）	-5Pa	4～5次/h	3次/h
更衣（清洁区）	—	2次/h	3次/h

经过调试之后，医护走廊对缓冲区空气压差为10～15Pa，缓冲区对负压病房空气压差为15～19Pa，高于规范要求和设计压差（图6-8），但也在合理的范围内，验证了风量取值是正确合理的。随着后期运行过滤器阻力增加，系统的送风量与排风量均将会有所下降，相应压差会在一定范围内波动，但不影响使用功能。事后分析，压差高于设计数值的原因可能是因为对围护结构进行了系统性修复，气密性得到了保证。

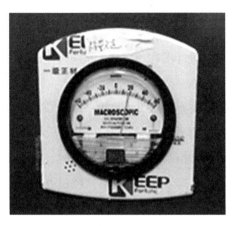

图6-8　缓冲区对负压病房压差

3）病房送排风口位置设计

病房送排风口设置需要基于保护医护人员、有利于污染物快速排出两大原则。从保护医护人员的角度出发，需要确保医生处于洁净气流上游，病房内医生站立工作，故确保其头部气流的洁净极为重要。从污染物扩散角度出发，污染物主要来源于病人床头，因病人长时间卧床呼吸，床头低位浓度高，同时地板有污染可能。

国内外现行规范，都是要求"高送低排，定向气流"。本项目结合实际情况并参照规范要求，采取床尾顶部，医护人员常规站位上方送风，床头下部排风的形式。

病房和缓冲区气流组织均为上送风、下侧排风（图6-9）。

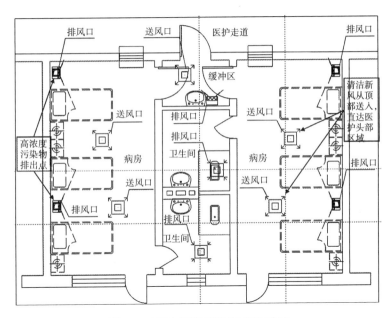

图6-9　病房和缓冲区风口布置示意图

病房排风口距离地面不小于100mm，排风口风速不大于1.5m/s；缓冲间排风口设置在洗手盆边，排风口底距地面不小于100mm，排风口风速不大于1.5m/s。

4）风机设置

为了保证负压病房使用的安全性，避免不同房间交叉污染，每个病房设计排风机2台，一用一备，设置于患者走道处，吊装（图6-10）。排风系统采用二级过滤：排风口设不低于B类的高效过滤器，排风口出口处设风管式净化杀菌处理器。

5）负压病房医护走道排风设计

医护走道是否设置排风系统成了一个问题，增加若干机房、系统，意味着增

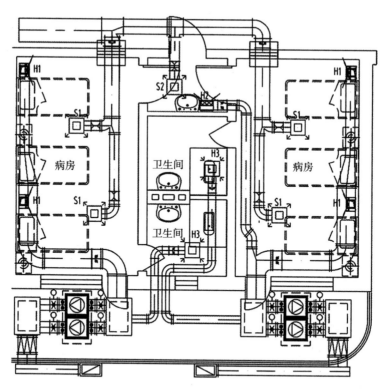

图6-10 排风机布置图

加能耗需求，占用有限的使用空间，风管尺寸较大，将影响走廊标高，过多的风管洞对老式砖混结构的安全性带来严苛的考验。但是，如果不设置排风系统，将无法从排风侧调节室内空气压力，理论上存在超压的可能性，且由于维护结构气密性不足，实际的门窗缝隙渗漏风量无法准确得知，如果不设置排风，就无法依据运行时压差情况，适时地调整排风系统以保证压力在合适范围内。设计团队经过慎重研究，决定以负压隔离的安全性和功能性为首要任务，除洁净区医护走道不设排风以外，潜在污染区医护走廊均设置机械排风系统，每层设2台排风风机，不设备用。

6）装配式病房楼通风设计

由于种种条件限制，50间新建病房只能定位为普通隔离病房，无负压要求，暖通设计要求比较简单。但是，考虑到疑似病人隔离期间，如果气流组织不合理，医护—患者、患者—疑似患者之间交叉传染的风险极大，所以，设计团队希望通过调整排风系统设计参数，使医护办公区与病房区形成一定的压力梯度，提升医护人员安全保障。最终确定洁区（医护办公区、更衣室）通风换气次数为5次/h，半洁区和污染区（走廊、病房）通风换气次数为6次/h，使洁区与半洁区之间保持一定的压差。

7）负压病房楼排风井道设计

每间负压病房均需单独设立排烟风井，将污染气体引致屋顶，高处排放。如果将风井设在室内，将面临如下问题：第一，室内空间有限，系统排布困难，且风井将占据走道宽度，影响消防疏散；第二，风井设置于室内，势必带来大量的楼板开洞、封堵和拆改工作，影响结构安全，增加工程量，影响工期；第三，污染气体穿越其他楼层，如果封闭不严，存在泄漏的可能性。为了规避上述问题，设计团队决定将排风井道设计在建筑外立面上，采用钢结构吊挂形式，虽然牺牲了建筑立面的美观性，但是最大限度地满足了使用功能，节约了工期（图6-11）。待疫情结束后，烟道再采用与楼体颜色相同的铝板进行装饰。

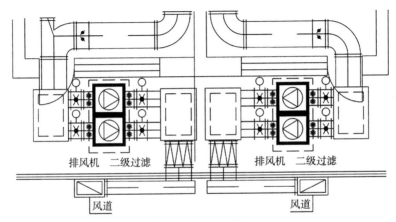

图6-11　风道平面图

8）防排烟系统设计

4号负压隔离病房楼，排烟系统仍以原有设计为准，不做变更，疫情结束后，再根据消防部门意见进行调整。装配式病房楼为临时工程，层高极低且建设工期短，通风与防排烟系统以自然排烟为主，难以采用机械排烟。病人走廊为外走廊，可利用外窗开启自然排烟。在管理上建议明确标识所有可手动开启的外窗，并配置适当数量的安全锤，便于破窗排烟。

9）控制系统

抢救室严格按相应规范规程设计自动控制系统。

风机开机顺序：病房排风机—半洁净区（医护走廊）的送风机—清洁区送风机—病房送风机。

关机顺序与开机顺序相反。

病房排风机与送风机联锁：病房排风机启动后方能开启病房送风机（电路联

锁）；病房排风机停机后触发声光报警装置，并停止病房送风机。

病房主排风机设置过滤网压差在线检测，超压时联锁启动声光报警装置。

控制医疗护理单元内压力关系：病房及其卫生间＜缓冲间＜医护走道；各不同压力环境分隔处（高压侧）设具备超压报警功能或接口的机械式压力表。

系统调试及运行时，视清洁区与护士走廊内的密闭性，确定是否开启相应区域的排风机。

7.协同施工，优化设计

1）通风空调设备安装位置

4号负压隔离病房楼主要设备包括30台空气源热泵机组、56台排风风机和16台新风机，由于设备众多，室内空间有限，原计划部分设备放置于屋面，以节省室内房间。但4号楼为老楼，屋面空间有限，且屋面工程历经风雨较为脆弱，不能承受过多荷载。经过设计单位和施工单位沟通，所有空气源热泵机组放置于室外（图6-12），单独设置基础，在一层设置两处热泵机房，放置循环泵和定压补水装置；每层独立设置四间新风机房，排风机不设置机房，风机均采用顶板吊装形式。既减轻了屋面荷载，避免造成屋面破坏，引发渗漏等问题，又便于维护和过滤器更换。

图6-12 空气源热泵机组室外安装

2）支吊架和楼板承载力计算分析

空调水管系统设计主管管径为DN200和DN150，采用支吊架固定于楼板上，荷载较大，对老式砖混结构提出了考验。沈阳市老式砖混结构多为装配式楼板，承载能力不足，引发了设计团队和施工团队的担忧。好在通过查找原图纸，并进行现场核对，确定现场为现浇楼板。设计团队对支吊架承载力和楼板受力进行了计算分析，确认能够满足要求。

3）风管、风口位置标高调整

因为时间紧迫，管道系统设计不能充分考虑现场实际情况，所以出现了风管与灯具交叉、风管与医疗设备带打架、走廊净高不足等情况（图6-13）。设计单位与施工单位多次召开现场协调会，从现场实际出发，调整设计方案，在保证设计功能实现的前提下，使风管安装既不影响原有医疗设备、照明设备使用功能，又能满足标高要求。

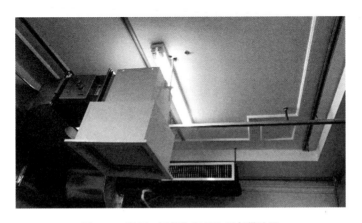

图6-13 风口、风管与灯具和设备带冲突

缓冲间原设计为侧排风口，但侧排风口采购困难，供货周期长，只能修改为下排风口，并将下排风口离地100mm修改为300mm，以满足高效过滤器安装。同时，缓冲间空间狭小，在不影响开门的情况下，排风口位置与洗手盆位置冲突，现场安装困难，最终通过修改洗手盆位置的方式，完成了风口、风管的安装（图6-14）。

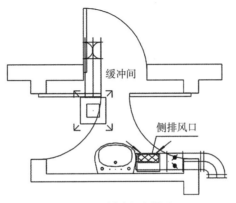

图6-14 缓冲间大样图

4）装配式病房楼风管变更

装配式病房楼排风系统所用风管原设计由0.5～1.2mm厚镀锌钢板制作，法兰连接。然而在限定的工期内，即便通过招标采购部门的多方努力，现有资源仅能供应4号楼需求。为了保证工期，解决实际需求，设计团队决定对排风管道进行变更，将镀锌钢板变更为PVC管，粘接，保证截面积不变的情况下，方管变圆管。此变更虽属无奈之举，却也能满足使用需求，解决燃眉之急。

5）屋顶开洞与防水问题

不论是老楼改建，还是新建板房，屋顶洞口的防水问题，始终是一个难题。鉴于此，设计过程中我们尽量避免通风管道穿越屋面，不开洞、少开洞，减少封堵工作量，规避防水隐患。

6）空调水系统介质

空调系统开始调试时，最低气温为-20℃，滴水成冰，出于安全考虑，防止设备和管道冻坏，设计团队决定将介质调整为25%浓度乙二醇溶液，造价稍有提高，却也解决了管道和设备受冻问题，同时也解决了运营期间的后顾之忧。

6.3.4 电气专业设计

1. 主要设计依据

本项目电气设计主要执行的规范是《医疗建筑电气设计规范》JGJ 312—2013、《传染病医院建筑设计规范》GB 50849—2014、《综合医院建筑设计规范》GB 51039—2014、《医院隔离技术规范》WS/T 311—2009、《传染病医院建筑施工及验收规范》GB 50686—2011，另外，包括部分常规民用建筑设计规范，《低压配电设计规范》GB 50054—2011、《民用建筑电气设计规范》JGJ —2008、《建筑照明设计标准》GB 50034—2013、《建筑物防雷设计规范》GB 50057—2010、《建筑电气施工质量验收规范》GB 50243—2016等。

2. 设计范围

4号负压隔离病房楼主要包括紫外线消毒、通风设备的配电系统，原有照明系统、消防系统、防雷接地系统、智能化系统不做调整。

装配式病房楼主要包括供配电系统、照明系统、建筑防雷接地及安全系统、火灾自动报警系统、智能化系统等。

3. 设计概况

1）供电电源

由城市电网引入两路10kV电源，引至4号楼附近的箱式变压器和3号楼配电室，两电源同时工作、分列运行、互为备用，任意一路电源失电时，另一路电源可承担全部负荷（图6-15）。

4号负压隔离病房楼由箱式变压器直接配出220V/380V低压回路至楼内各低压配电柜，装配式病房楼由3号楼低压配电室配出220V/380V低压电源至楼内配电室。

室外设置两套柴油发电机组作为改造病房楼自备应急电源，备用柴油发电机组功率为1200kW。

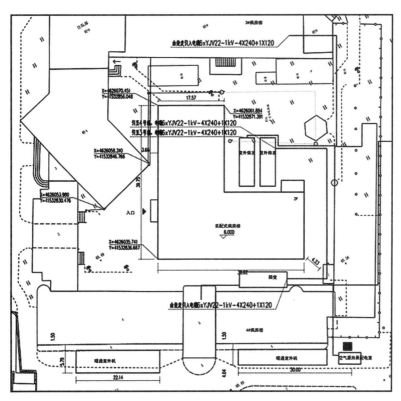

图6-15 室外变压器及电气管网图

2）负荷等级

特别重要负荷：抢救室、术前准备室、术后恢复室等涉及患者生命安全的设备及照明负荷，重症呼吸道感染区的通风系统。

一级负荷：应急照明及疏散指示、弱电机房、生活水泵及排污泵等重要设备、走道照明、值班照明、主要业务和计算机系统负荷。

二级负荷：其余负荷为二级负荷。

3）电力配电系统

低压配电系统采用放射式与树干式相结合的方式，对于单台容量较大的负荷或重要负荷采用放射式供电；对于照明及一般负荷采用树干式与放射式相结合的供电方式；一级负荷采用双电源供电。

4）防雷接地及安全系统

建筑物防雷：4号改造病房楼和装配式病房楼属于第二类防雷，改造病房楼利用原有防雷接地系统，装配式病房单独设置防雷接地系统。

接地及安全：接地系统采用TN-S系统，建筑物做等电位联结，带淋浴的卫生间、浴室、弱电机房等设局部等电位联结。采用综合接地方式，将配电系统接地、防雷接地组成统一接地装置，接地电阻不大于 1Ω。

5）智能化系统概况

智能化系统主要以院区原有系统为基础，改建和新建病房楼智能化系统接入原有综合布线、信息网络、公共广播及应急广播、会议、门禁、远程会诊、视频监控、机房、停车场管理等系统。

4.主要设计指导原则

1）供配电系统

（1）负荷等级：按上述规范执行。

（2）供电电源：应由市政引来两路独立10kV中压电源（双重电源），另外需设柴油发电机组作为自备应急电源。

（3）考虑变压器容量时，要考虑一台变压器故障时另一台能承担所有一、二级负荷的情况，在办理增容时应考虑此因素。带有负压隔离病房的应急医院，通风系统用电负荷较大，在有新风辅助加热的情况下，变压器安装容量大约按 $300 \sim 400VA/m^2$ 考虑。

（4）对于应急医院项目，可考虑采用室外箱式变电站形式，配电系统应与其相匹配。柴油发电机组可选择室外箱式柴油发电机组。柴油发电机组电源的投切位置宜在低压配电室实现。

（5）对于旧有建筑改造为应急医院的项目，应减小对原有建筑、原有设备的破坏及影响。

（6）对于新建临时医用板房建筑，所有管线均为明敷设，应考虑配电系统管线的防护及安全性。

2）照明系统

（1）应按照《传染病医院建筑设计规范》GB 50849—2014、《医疗建筑电气设计规范》JGJ 312—2013、《建筑照明设计标准》GB 50034—2013等有关规范设计。建议以《传染病医院建筑设计规范》GB 50849—2014为主。

（2）应设置紫外线杀菌灯，其控制开关应区别于其他普通照明开关，最好要有专人管理。紫外线灯灯管吊装高度距离地面1.8～2.2m为宜，翘板开关安装高度应为距地1.8m。灯管功率可以参照1.5W/m³选择。紫外线灯具的设置场所严格按照规范要求执行。

（3）感应水龙头、感应门等设备，应与相关专业配合，预留电源。

（4）配电箱、配电主干路由等不应设置在患者活动区域内；进出、穿越患者活动区域的线缆保护管口应采用不燃材料密封。

（5）对于消防及急照明系统，应按现行规范设计。但若是旧楼局部改造，同时限于时间紧迫因素，应考虑新旧规范衔接的问题，也可以征求主管部门的意见。

3）防雷接地系统

（1）对于新建建筑，按现行规范执行。改造建筑，应保留原有系统。

（2）对于新建临时医用板房建筑，接地型式可为TN-S。电源由附近箱式变电站引来。

4）智能化系统

应按现行规范设置智能化系统。应适当考虑无线Wi-Fi的设置。

5.电气系统设计要点

1）供配电设计

（1）负荷等级。

应急照明用电；各弱电控制室，生活水泵及排污泵等重要设备用电；走道照明、值班照明、警卫照明等照明用电；主要业务和计算机系统用电；抢救室、重症监护室、手术室、术前准备室、术后复苏室、麻醉室等场所的设备及照明用电，呼吸性传染病房、CT机设备及照明用电；培养箱、冰箱、恒温箱用电；病理分析和检验化验的设备用电；医用气体供应系统中的真空泵、压缩机等设备负荷及其控制与报警系统用电为一级负荷。其中，重症监护室、手术室、术前准备室、术后复苏室、麻醉室等涉及患者生命安全的设备及照明用电为一级负荷中特别重要负荷。其他用电为二级负荷。

（2）负荷计算。

变压器安装容量按300～400VA/m²取值估算（因沈阳地处严寒地区，新风辅助加热的情况下，通风系统负荷大）。

每间负压病房的用电负荷包括分体空调（带电辅热）、厨宝、电开水器、送排风机、照明、紫外线消毒灯具等。根据暖通空调、给水排水等专业所提负荷资料，结合本专业用电需求，每间病房的负荷指标宜按6～8kW选取。

每间普通隔离病房用电负荷包括分体空调、电暖气、厨宝、排风机、照明、紫外线消毒灯具等。根据暖通空调、给水排水等专业所提负荷资料，结合本专业用电需求，每间病房负荷指标宜按6～8kW选取。

（3）供电电源。

应采用市电10kV双重电源供电，两路电源应满足来自两个不同的区域变电站或来自同一区域变电站不同母线段，每路电源容量均应能满足所有负荷的运行要求。4号负压隔离病房楼由市政引来两路10kV电源至项目附近的箱式变电站，变压器容量为1250 kV·A，由此变电站配出低压回路电缆至病房楼内各低压配电柜，装配式病房楼由市政引来两路10kV电源至3号楼低压配电室，再由此低压配电室引出低压电源至病房楼内配电柜。

医院应设置柴油发电机组作为自备应急电源，发电机组应在两路市电均停电时，15秒内自动启动并输出，发电机组与市电不应并网运行，并应设置可靠闭锁装置。对于恢复供电时间要求不大于0.5秒的医疗场所及设施用电，尚应设置不间断电源装置（UPS）。

为满足4号改造负压病房楼通风等系统供电的可靠性，本工程室外设一套柴油电机组作为自备电源，常用功率1200kW。装配式病房楼内一级负荷主要为应急照明和疏散指示系统，采用非集中控制型系统，蓄电池连续供电时间不少于60分钟（图6-16）。

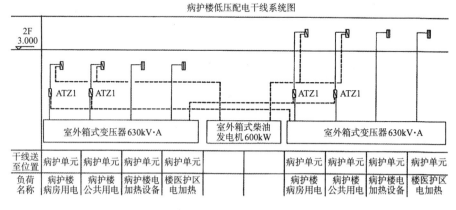

图6-16 典型病护楼低压配电干线系统图

2）照明系统设计

（1）光源及灯具选择。

本工程照明选用发光效率高、显色性好、使用寿命长、色温相宜、符合环保要求的光源，主要采用LED灯、T5、T8直管三基色节能型荧光灯或紧凑型荧光灯，装设电子镇流器（功率因数不小于0.90），有特殊装修要求的场所视装修要求而定。选用LED照明产品的光输出波形的波动深度应满足现行国家标准《LED室内照明应用技术要求》GB/T 31831—2015的规定，并选用高效、节能及产生眩光较小的灯具。

室内同一场所一般照明光源的色温、显色性宜一致。病房内应按一床一灯设置床头局部照明，且配光应适宜，灯具及开关控制宜与多功能医用线槽结合。抢救室应设手术专用无影灯。病房内和病房走道宜设有夜间照明。病房内夜间照明宜设置在房门附近或卫生间内。在病床床头部位的夜间照明照度宜小于0.1lx。护士站、走廊、卫生间、治疗室、病房、传递窗等场所，设紫外线消毒器或紫外线消毒灯。

（2）照度要求及照明控制。

各场所照明标准值按《建筑照明设计标准》GB 50034—2013选取，设计中充分考虑照度均匀度、亮度分布、眩光限制、天然光的利用及各功能照明的控制要求。各场合照明功率密度值LPD达到《建筑照明设计标准》GB 50034—2013中目标值要求。

病房走廊照明、病房夜间守护照明在护士站统一控制；其他场所采用翘板开关就地控制；疏散指示照明为常亮。无影灯和一般照明，应分别设置照明开关；紫外线消毒灯的开关应区别于一般照明开关，且安装高度宜为底边距地1.8m；卫浴间、消毒室等潮湿场所，宜采用防潮型开关。

（3）应急照明。

在疏散走道、门厅设置疏散照明，其地面最低水平照度不应低于3lx；在抢救室、重症监护室等病人行动不便的病房等需协助疏散区域设置疏散照明，其地面最低水平照度不应低于5lx。在走廊、大厅、安全出口等处设置疏散指示灯及安全出口标志灯。

应急照明灯具采用自带蓄电池灯具，应急供电时间不低于60分钟。应急照明灯（含疏散指示灯、出口标志灯）面板或灯罩不应采用易碎材料或玻璃材质，有国家主管部门的检测报告方可投入使用。

（4）照明配电。

照明、插座分别由不同支路供电，且均为单相三线。所有插座回路（壁挂式空调机回路除外）、厨宝回路、所有移动设备回路均设30mA剩余电流断路器保护，动作时间不大于0.1秒。所有灯具专设一根PE线。

3）电气设备及管线设计

为保证设备后期控制、维护人员的安全，4号负压隔离病房楼配电箱（柜）、控制箱（柜）都是安装在疏散楼梯旁的配电间内。装配式病房楼配电箱（柜）、控制箱（柜）主要安装在清洁区或临近出口的走道上。

本项目插座均明敷在墙面上。

室内在公共走道上的主干线路沿电缆桥架敷设，但支线没办法暗埋，为加快施工进度，穿阻燃塑料线槽沿顶板或墙面明敷。

4）建筑防雷、接地及安全系统

（1）建筑物防雷。

4号负压隔离病房楼防雷接地采用原有系统。

装配式病房楼防雷类别为第二类。根据规范应设外部防雷装置（防直击雷），并设内部防雷装置（包括防反击、防闪电电涌侵入和防生命危险），同时采取防雷击电磁脉冲措施。

①防直击雷的外部防雷装置：

a.利用集装箱金属顶或彩钢板屋面（外层钢板厚度大于0.5mm）作为接闪器。

b.凡突出屋面的所有金属构件，如金属杆、金属通风管、屋顶风机、金属屋面、金属屋架等，均应与屋面金属板可靠连接。

②引下线：利用集装箱等竖向金属构件作为防雷引下线，引下线平均间距不大于18m。

③接地装置：本项目板房基础为H型钢，铺设在地面上，为保证接地的可靠性及施工进度，本设计将外圈基础H型钢焊接，形成闭合回路，并在H型钢外沿线每隔9m设置人工接地极，与型钢闭合回路采用镀锌扁钢跨接，实测电阻小于1Ω。

④根据规范，本工程各建筑物应设内部防雷装置，并应符合下列规定：

a.为防闪电电涌侵入，建筑物金属体、金属装置、建筑物内系统、进出建筑物的金属管线等应与防雷装置做防雷等电位连接。外墙内、外竖直敷设的金属管道及金属物的顶端和底端，应与防雷装置等电位连接。

b.除上条的措施外，外部防雷装置与建筑物金属体、金属装置、建筑物内系统之间，尚应满足间隔距离的要求。

⑤防雷电磁脉冲措施：

a.在总配电箱内装设Ⅰ级试验的电涌保护器（SPD），电涌保护器最大放电电流应等于或大于15kA（10/350μs），电涌保护器的电压保护水平值应小于或等于

2.5kV。

b.二级配电箱内装设Ⅱ级试验的电涌保护器（SPD），电涌保护器最大放电电流应大于或等于40kA（8/20μs），电涌保护器的电压保护水平值应小于或等于2.5kV。

c.建筑物弱电系统的室外线路采用金属线时，其引入的终端箱处应安装电涌保护器（D1类高能量试验类型），其短路电流选用1.5kA（10/350μs）；建筑物弱电系统的室外线路采用光缆时，其引入的终端箱处的电气线路侧应安装电涌保护器（B2类慢上升率试验类型），其短路电流选用75A（5/300μs）。

（2）接地及安全。

①本工程低压配电系统的接地型式为TN-S系统。防雷接地、变压器中性点接地、电气设备的保护接地、机房、控制室等的接地共用统一接地极，要求接地电阻不大于1Ω。实测不满足要求时，增设人工接地极。

②建筑物作总等电位连接（MEB），总等电位连接端子板由紫铜板制成，设置在变配电所、电缆及设备管道进出建筑物等处，各MEB板之间通过集装箱钢结构相互连通。将所有进出建筑物的金属管道、金属构件、保护接地干线等与总等电位端子箱可靠连接，其连接线采用BYJ-1x25-PC32，总等电位连接均采用各种型号的等电位卡子，不允许在金属管道上焊接。

③在带洗浴的卫生间、淋浴间、弱电机房等处，采取局部等电位连接（LEB）。从临近的结构柱引出至局部等电位箱LEB，局部等电位箱暗装，底距地0.3m。将场所内所有金属管道、构件与LEB箱连接。

（3）医疗场所接地及安全防护。

①医疗场所内由局部IT系统供电的设备金属外壳接地与TN-S系统共用接地装置。

②在1类及2类医疗场所的患者区域内，应做局部等电位连接，并应将下列设备及导体进行等电位连接：

PE线；外露可导电部分；安装了抗电磁干扰场的屏蔽物；防静电地板下的金属物；隔离变压器的金属屏蔽层；除设备要求与地绝缘外，固定安装的、可导电的非电气装置的患者支撑物。

在2类医疗场所内，电源插座的保护导体端子、固定设备的保护导体端子或任何外界可导电部分与等电位联结母线之间的导体的电阻（包括接头的电阻在内）不应超过0.2Ω。

当1类和2类医疗场所使用安全特低电压时，标称供电电压不应超过交流

25V和无纹波直流60V，并应采取对带电部分加以绝缘保护的措施。

1类和2类医疗场所应设置防止间接触电的自动断电保护措施，并应符合下列要求：IT、TN、TT系统，接触电压U不应超过25V；TN系统最大分断时间230V为0.2s，400V为0.05s；IT系统中性点不配出，最大分断时间230V为0.2s。

2类医疗场所每个功能房间，至少安装一个医用IT系统。医用IT系统必须配置绝缘监视器。并具有如下要求：

交流内阻≥100kΩ；测量电压≤直流25V；测试电流，故障条件下峰值≤lmA；当电阻减少到50 kΩ时能够显示，并备有试验设施；每一个医疗IT系统，具有显示工作状态的信号灯，声光警报装置应安装在便于永久监视的场所；隔离变压器需设置过载和高温的监控。

5）弱电智能化系统

（1）综合布线系统：装配式病房楼采用新建综合布线系统，完成话音及数据信号的传输。装配式病房楼由院区总机房引来数据及语音信号，在一层设置弱电间（与配电室合用），用于楼内网络及数据通信。系统布线采用星型拓扑结构，水平配线采用六类非屏蔽双绞线，在医生办公室、护士站等房间设置语音和数据信息口，在走廊设置无线AP发射点，系统采用AP双频技术形式。

（2）病房医护对讲系统：系统为总线结构，完成病房与本层护士站对讲与呼叫功能，在护士站设呼叫主机，在各病房各床头设呼叫分机（图6-17）。

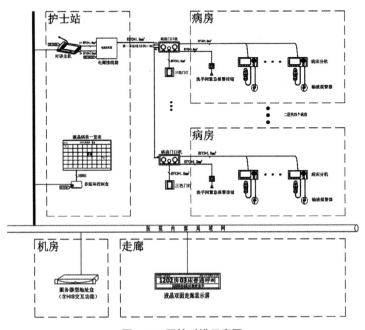

图6-17 医护对讲示意图

（3）视频监控系统：每个病房设置监控摄像头，主机及显示屏设置于各层护士站，用于探视及观察病人（图6-18）。

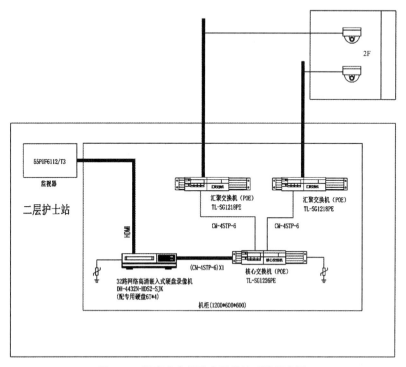

图6-18　隔离病房闭路电视监控系统示意图

6.协同施工，设计优化

1）供电电源确定

经过初步计算，4号负压隔离病房楼新增用电负荷约1250kV·A，装配式病房楼用电负荷约450 kV·A，沈阳市传染病医院原3号楼配电室预留余量约500 kV·A，不足以满足所有用电需求。原计划采用一台1200 kV·A和一台500 kV·A 室外箱式变压器分别为两栋病房楼供电，经过与电力部门协商，可以将附近两台箱式变压器移位至院内。但是照此方案进行招标采购时发现，市场上找不到足够数量、合适长度的主电缆。最终经过协商，决定4号负压隔离病房楼采购箱变供电，装配式病房楼由3号楼配电室供电，既规避了物资不足问题，又有效利用了预留余量。此处，要感谢最初传染病医院设计团队的先见之明，预留了足够的余量。

柴油发电机组也选择采用室外箱式柴油发电机组的形式。

2）电缆型号变更

为了保障供电安全，原设计对电缆型号要求较高，低压电线、电缆选用标准：室外进线电缆采用铠装交联电力电缆（YJV22-0.6/1kV）；一般室内电力干线、支干线采用无卤低烟B级阻燃交联铜芯电力电缆（WDZB-YJY-0.6/lkV）；一般支线选用WDZD-BYJ-450/750V无卤低烟D级阻燃铜芯导线；应急照明线路选用WDZDN-BYJ-450/750V无卤低烟D级阻燃耐火铜芯导线；控制线选用WDZ-KYJY铜芯控制电缆。

由于是特殊时期，出现了铠装电缆、B级阻燃电缆等个别型号采购不到或数量不足的情况，为了保障工期，设计团队做了电缆代换，并结合现有电缆资源情况，尽量统一规格、型号，减少采购和施工难度。经过设计变更，电缆问题得以解决，虽小有浪费，却保住了大的工期节点。

3）紫外线灯具设计变更

原设计要求紫外线灯具的设置场所严格按照规范要求执行。开工后，医疗专家对设计和施工方案进行了评审，提出规范未提及的潜在风险的位置也应考虑设置紫外线灯管。为了完善设计，消灭死角，提升安全保障，设计团队决定增加紫外线灯具布置，诸如隔离观察病房的排风系统排风口位置、传递窗等。同时，紫外线灯开关均设置在护士站。

6.3.5 给水排水专业设计

1.给水排水主要设计依据

（1）《综合医院建筑设计规范》GB 51039—2014；

（2）《传染病医院建筑设计规范》GB 50849—2014；

（3）《医院污水处理设计规范》CECS 07：2004；

（4）《医疗机构水污染物排放标准》GB 18466—2005；

（5）《建筑给水排水设计规范》GB 50015—2003（2009年版）；

（6）《生活饮用水卫生标准》GB 5749—2014；

（7）《建筑机电工程抗震设计规范》GB 50981—2014；

（8）《建筑给水排水及采暖工程施工质量验收规范》GB 50242—2002；

（9）《建筑灭火器配置设计规范》GB 50140—2005。

2.给水排水设计范围

本次设计主要包括以下内容：

（1）室外给水系统；

（2）室外消防系统；

（3）室外污水排水系统；

（4）室内给水系统；

（5）室内热水与饮用水供应系统；

（6）室内排水系统；

（7）室内消防设施。

3.给水排水工程概况

1）室外给水排水工程概况

（1）改造病房楼和装配式病房楼给水水源均由院区原有水泵房供给，自低区给水系统接出，枝状敷设。

（2）室外消火栓利用原有院区室外消火栓系统。

（3）两个单体的污水先排至化粪池进行预处理，再经院区原有污水处理站二次处理和消毒，达标后排放。

（4）室外雨水尽量利用原有系统，根据新场地特点，变更雨水口，收集场地及屋面雨水，经过消毒处理，达标后排入市政管网。

2）室内给水排水工程概况

（1）水源：改造病房楼由南侧引入一根DN100给水管作为水源，装配式病房楼由西侧引入一根DN80给水管作为水源。

（2）给水系统：竖向不分区，由原给水泵站直供；洗手盆处热水采用厨宝制备，淋浴间热水采用电热水器制备；改造病房楼直饮水设计保持不变。

（3）污废水系统：室内污废水采用合流制，重力排至室外管网，空调冷凝水分区单独收集后，经过集中消毒处理后排放。

（4）消防水系统：改造病房楼维持原有消火栓系统不变，新增装配式病房楼不设消火栓系统；灭火器系统均按A类火灾，严重危险级配置。

4.给水排水工程设计指导原则

1）生活给水系统

（1）医院生活给水水质，应符合现行国家标准《生活饮用水卫生标准》GB 5749的有关规定。

（2）对于改建项目，尽可能采用原有生活给水管道系统，尽可能减少工程拆改量。

（3）对于新建装配式应急医院，尽可能采用周边现有给水管道系统。供水系统优先采用断流水箱加水泵的给水方式，且应在水泵供水管道上设置紫外线消毒设备。

注：在水泵吸水管上设置紫外线消毒器利用紫外线进行消毒、杀菌。紫外线的消毒机理是利用以波长为2537Å（埃）为主并包含2400～2800Å波长区域的紫

外光线，对水中微生物的遗传物质核酸进行破坏而使细菌灭活，达到杀菌消毒的目的。

（4）给水卫生器具设置原则：

公共卫生间的洗手盆宜采用感应自动水龙头，小便斗宜采用自动冲洗阀，蹲式大便器宜采用脚踏式自闭冲洗阀或感应冲洗阀。

护士站、治疗室、洁净室和消毒供应中心、监护病房等房间的洗手盆，应采用感应自动、膝动或肘动开关水龙头。

（5）对于新建装配式应急医院，设计时应与供货厂家配合给水点位预留孔洞，便于后期施工，减少现场工程量。管道埋地部分应按照室外管道埋设深度敷设，若现场确有困难需要明敷时，应做保温防冻处理。

2）排水系统

（1）对于改造项目，尽可能采用原有排水管道，若现场实现困难时，应增设管道系统。

（2）对于新建装配式应急医院，传染病医院的污废水应与非病区污废水分流排放。

（3）排水系统应采取防止水封破坏的措施。地漏宜采用带过滤网的无水封地漏加存水弯，存水弯的水封不得小于50mm，且不得大于75mm；可采用洗手盆的排水给地漏水封补水；用于手术室、急诊抢救室等房间的地漏应采用可开启的密封地漏。

（4）排水管道应设置伸顶通气。同时，考虑到废气可能存在的传染性，将通气管按废水通气管在屋顶结合起来，集中排至屋顶偏僻处，同时预留有消毒处理的空间，采用高效过滤器及紫外线消毒。

（5）空调冷凝水应集中收集，并应排入污水处理站处理。

（6）排水管道穿越楼板及隔墙处应用不收缩、不燃烧、不起尘材料密封。

3）热水系统

（1）对于改造项目，尽可能采用原有热水管道，若现场无热水系统，为防止交叉感染及考虑施工难易程度，建议采用单元式电热水器形式。

（2）每护理单元应单独设置电开水器。

4）污水处理

（1）传染病医院污水处理后的水质，应符合现行国家标准《医疗机构水污染物排放标准》GB 18466的有关规定。

（2）传染病医院和综合医院的传染病门诊、病房的污水、废水宜单独收集，污水应先排入化粪池，应设置采用预消毒工艺，灭活消毒后应与废水一同进入医院污水处理站，并应采用二级生化处理后再排入城市污水管道。

（3）传染病医院内含有病原体的固体废弃物应进行焚烧处理。医疗污物应就地或集中消毒处理。

（4）放射性污水的排放应符合现行国家标准《放射卫生防护基本标准》GB 4792的有关规定。

5）卫生器具及管材

由于传染病院的特殊性，在管材的选择上，免维修性应予以重视，优先选用卫生条件良好、使用寿命长、发生事故概率小的优质管材，同时要考虑非常时期市场采购情况，这样既可以保证给水排水的安全性，又能减少维修的次数，降低日后维修工人接触感染的概率。

对给水管来说，宜采用不锈钢管、铜管等可靠的金属管材，避免细菌滋生，防止病毒蔓延，保证室内卫生，延长使用寿命，减少维修。给水、热水的干、支管上设有的检修阀门尽可能设置在工作人员的清洁区内。

对于排水管则优先采用柔性接口机制排水铸铁管或质量可靠的塑料排水管，并做好防结露保温，以避免排水管道的渗漏、结露而污染室内环境，传播病菌。

5.给水排水工程设计要点

1）室外给水系统

（1）水源。

给水系统采用市政给水作为生活及消防水源。根据沈阳市第六人民医院提供的资料，在项目用地旁医院地下管廊下有一根DN300给水管，水压约为0.40MPa，该水管接至院内3号楼、4号楼的水泵房，经测算，可满足本项目生活用水水源使用需求。其中改造病房楼使用原4号楼内给水管路作为水源，装配式病房楼由西侧原有水管引入一根DN80给水管作为水源。

（2）室外给水系统设计。

本工程分为装配式病房楼以及改造病房楼，考虑工期紧张，需要应急病房尽快投入使用，同时该室外给水系统需供应3号楼病人"水疗"治疗使用，因此不对医院原有水泵房做过多改动，取消原定加氯机自动定比投加含氯消毒剂等相关加氯消毒措施，仅在原有水泵房内做简易修改，保证管网供水安全。

（3）室外消防系统。

经设计院同意，室外消火栓利用原有院区室外消火栓系统。原有院区室外消火栓系统为市政给水直接供应，采用地下式室外消火栓，供火灾时消防车取水灭火使用。

（4）室外污水排水系统。

沈阳市第六人民医院为传染病医院，其室外污水排水系统满足此次疫情的污水处理要求，因此改造病房楼利用原有室外污水管网接收污水，装配式病房利用新建室外污水管网接收污水，两个单体的污水先排至化粪池进行预处理，再经院区原有污水处理站二次处理和消毒，达标后排入市政管网。

2）室内给排水系统

（1）室内给水系统。

室内给水系统竖向不分区。生活给水系统充分考虑防止污染的措施，为了防止管道内产生虹吸回流和背压回流，进入污染区的给水管端部设倒流防止器，倒流防止器设置在清洁区内。

（2）室内洁具。

给水用水点采用非接触性或非手动开关，并应防止污水外溅，防止病毒、细菌随水流外溢扩散，并在下列场所的用水点采用非接触性或非手动开关：

①公共卫生间、缓冲间、护士站的洗手盆采用感应自动水龙头，小便斗采用自动冲洗阀，蹲式大便器采用脚踏式自闭冲洗阀。

②其他有无菌要求或需要防止院内感染场所的卫生器具。

缓冲间、护士站的所有带洗手盆的部位均设置烘手器，其中缓冲间的烘手器出风口风向与病房内排风口进风方向一致，防止病毒扩散，同时烘手器能够产生一定量的紫外线，能够有效地消杀细菌。

（3）室内热水系统与饮用水供应。

①医护人员热水系统及饮用水系统：

考虑现场施工工期紧张、原4号楼已有近30年历史，经过多次的改造维修，其主体结构不宜过多地开洞、剔凿，因此未设计热水管路，缓冲间、护士站等房间的洗手盆处热水采用厨宝制备，保证洗手盆处的热水使用功能，同时，热水器本身自带的防止回流功能也能够有效地阻断细菌进入给水管，防止管网内细菌的滋生。

同理，淋浴间热水采用电热水器制备，在保证功能的同时也能够有效地阻断细菌。

②病人热水系统及饮用水系统：

改造病房楼内直饮水在原有电热水器供水设计的基础上，在冷水管入口处增加防倒流及过滤一体装置，保证用水安全。装配式病房楼饮用水由终端式直饮水机供应常温饮用水和开水。

（4）室内排水系统。

①系统原理：室内污废水采用合流制，重力排至室外管网，经过集中消毒处理后排放。

②排水地漏：为减少空气污染，保证室内安全，尽量减少地漏的设置场所，除缓冲间、卫生间、浴室等应设置地漏区域外，其他非必要位置均不设置地漏；地漏宜采用带过滤网的无水封地漏加存水弯，存水弯的水封不得小于50mm，且不得大于75mm。

③排水通气：装配式病房楼由院内停车场改造而成，其高度远小于院内其他建筑，若设置伸顶通气，极易造成细菌在院内扩散。同时，板房顶板开洞后，洞口封堵困难，有渗漏隐患，且增加工作量，综合考虑之下，取消装配式病房楼的伸顶通气管。

④空调冷凝水：空调冷凝水有组织收集排放，并进入污水消毒处理站统一消毒。

（5）室内消防设施。

4号负压隔离病房楼维持原有消火栓系统不变，装配式病房楼新增工程不设消火栓系统；灭火器系统均按A类火灾，严重危险级配置。

6. 协同施工、优化设计

1）给水工程设计优化

（1）洗手盆优化。

在施工过程中，由于缓冲间排风口由原来的侧排风更改为下排风，导致缓冲间内本就狭小的空间变得更为拥挤，无法正常安装洗手盆。为了保证缓冲间使用功能，将原来的立柱式洗手盆更改为不锈钢悬挂式洗手盆，将宽度由原来的530mm变更为330mm，同时加长厨宝软连接长度，将其置于门后，增大缓冲间内可利用空间，为其他安装工程提供便利条件。

（2）给水支管管材优化。

将给水支管管材由PPR管变更为不锈钢管，可以最大限度地避免细菌滋生，防止病毒蔓延，保证室内卫生，延长使用寿命，减少维修，由于不锈钢管的可靠性，可以有效地减少维修人员进入污染区、潜在污染区等高风险区域的作业。同时，统一材质，将方便采购与现场施工。

（3）给水支管管线优化。

4号负压隔离病房楼改造工程初版给水排水设计图纸以多年前4号楼竣工图

为基础进行绘制，给水主管路位于缓冲间内，所有缓冲间内给水支管均取自该主管。然而，施工过程中发现由于该楼进行了多次改造、维修，现场的给水管路已不在原设计图中标注的位置，而是位于卫生间风道旁。综合考虑工期、楼体破坏等各方面因素，设计团队变更了方案，在卫生间下方的冷水管支管处加设三通，经由卫生间地面明敷后，穿墙通至缓冲间，解决了卫生间的给水问题。

2）排水工程设计优化

（1）地漏及存水弯。

地漏存水弯的水封若水深不够，极易造成管道内的细菌扩散至屋内，为了保证地漏存水弯的水封装置长久有效，本设计利用洗手盆的排水以及空调冷凝水管的排水给地漏补水，保证存水弯的使用功能有效。

（2）排水软管更改材质。

为了加快现场机电安装进度，洗手盆下方的排水软管变更为成品塑料管，该塑料管路由零部件组装完成，可以在外面完成组装，不影响施工区域的交叉作业，同时由于其自带水封装置，可以防止排水管道内的细菌等有害物质二次扩散至屋内，为排水系统的安全性上了第二道保险。

6.3.6 医用气体专业设计

1. 设计依据

（1）《医用气体工程技术规范》GB 50751—2012；

（2）《传染病医院建筑设计规范》GB 50849—2014；

（3）《综合医院建筑设计规范》GB 51039—2014；

（4）《医用气体和真空用无缝铜管》YS/T 650—2007；

（5）《流体输送用不锈钢无缝钢管》GB/T 14976—2012；

（6）《风机、压缩机、泵安装工程施工及验收规范》GB 50275—2010；

（7）《压缩空气站设计规范》GB 50029—2014；

（8）《氧气站设计规范》GB 50030—2013；

（9）《工业金属管道工程施工规范》GB 50235—2010；

（10）《建筑设计防火规范》GB 50016—2014，2018年版；

（11）国家、地方颁布的其他相关标准、规范和规程。

2. 设计范围

4号负压隔离病房楼医用气体工程由"中心吸引系统、压缩空气系统、铝合金设备带装饰系统、电源系统"组成，根据医疗需求设置的医用气体系统包括：

（1）医用压缩空气系统：包含空压机房、空气储罐、系统阀门、管道、各用气点设备。

（2）医用真空系统：包含真空吸引站设备、系统阀门箱、管道、各用气点设备。

（3）气体监控管理系统：包含机组监控管理、楼层区域报警器、监控管理系统。

3.主要设计指导原则

（1）改造项目宜设置独立负压吸引站房，站房设置在污染区内。压缩空气、氧气供应气源可以与医院现有气源共用，进入污染区的总管上应有防回流装置。其他医用气体应根据医疗需求设置汇流排供应，宜设在非污染区内；进入污染区的总管上应有防回流装置。

（2）新建项目负压吸引站房设置在污染区内。压缩空气、氧气站房设在非污染区内，进入污染区隔离区内的总管上应有防回流装置。其他医用气体应根据医院医疗需求设置汇流排供应，宜设在非污染区内；进入污染区的总管上应有防回流装置。

（3）应急医疗设施负压吸引泵站排放气体应进行处理后方可排入大气，并应远离空调通风系统进风口；负压吸引泵站的废液应集中收集并经过处理后方可排放。

4.医用气体设计要点

1）系统中心气源

中心空气系统：无油涡旋空压机2台，2.2kW、一用一备；

中心吸引系统：真空泵2台，2.35kW、一用一备。

2）系统管道材质

（1）空气系统：主管采用φ22×1.5316L不锈钢，走廊副管道采用φ15×1.2316L不锈钢，进入病房的支管采用φ8×1316L不锈钢。

（2）吸引系统：主管为φ38×2.5不锈钢管或者镀锌管，走廊副管为φ32×2.5不锈钢管或者镀锌管，进入病房支管为φ10×1316L不锈钢。进入设备带支管为φ8×1316L不锈钢。

3）系统压力

（1）管道设计压力：空气系统设计压力为0.35～0.6MPa；吸引管道设计压力为0.2MPa。

（2）各系统使用压力：空气终端使用压力为0.35～0.45MPa；吸引终端使用

压力为-0.04～-0.07MPa。

4）连接方式

原设计空气管道采用承插式焊接，吸引管道采用氩弧焊连接或者套扣连接，后变更为薄壁不锈钢管，卡压连接。

5）管道及机房安装（图6-19、图6-20）

（1）所有与医疗管道直接接触的管道及附件，在安装前应进行清洗脱脂处理，如在制造厂内已脱脂并密封良好的，安装时可不必脱脂。

（2）自各气体站出来的主管道垂直架设在给定的管道井内。副管道沿走廊墙面架设，各病房的引入管均由该层病房吊顶内横管上引出，引出端到设备带部分管道用铝合金装饰罩盖住。

（3）支架与管道接触处应做绝缘处理，防止静电腐蚀。

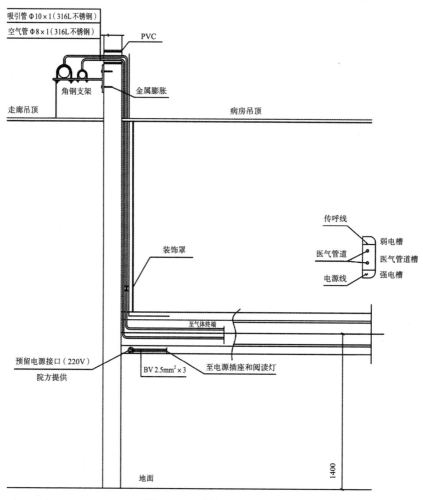

图6-19 医疗带安装示意图

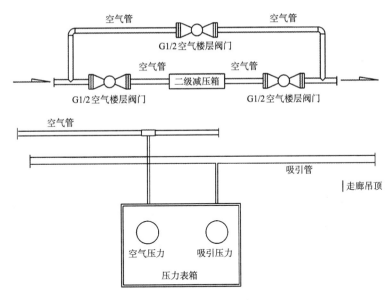

图6-20 二级减压箱及压力表箱安装示意图

（4）病房内医用气体管道及快速插座均安装在铝合金设备带内，快速插座中心离地1400mm。

（5）管道穿越楼面或墙壁时应加设套管，套管直径比管道直径大二级，其间用非燃物严密填塞，穿楼套管上端应高出地面50mm。下端与楼板平板齐，穿墙套管的两端应与墙面相平，各套管均在土建施工时预埋。

（6）医疗气体管道应接地，其接地与大楼接地干线连接，接地干线应由院方实施。氧气管道、吸引管道接地电阻均应<10Ω。

6）管道吹扫

管道吹除：管道安装完毕后应分段进行吹扫，吹扫的顺序应按主管道、副管道、支管道进行；主管道吹扫时应将副管道阀门接头松开，以防止杂物吹入副管道；副管道吹扫应在支管道未接通时进行；支管道吹扫应在系统管道安装完毕后进行；吹扫时应有足够的流量，吹扫压力不得超过设计压力，吹速不低于20m/s，正压管道采用0.5MPa进行吹扫；负压管道采用0.2MPa进行吹扫，吹扫介质采用无油压缩空气或氮气，吹扫完毕后进行检验，当目测排气无烟尘时，在排气口用白布或漆白漆的木制靶板检验，1分钟内白布上应无污物、油污、尘土、水分等为合格，并做好记录。

7）气密性试验

系统安装完毕后，应进行气密性试验：

（1）中心空气系统：气密性试验用无油压缩空气或氮气进行，气密性试验压力为0.6MPa，保持24小时，每小时泄漏率不超过0.5%。

（2）中心吸引系统：气密性试验用无油压缩空气或氮气进行，气密性试验压力为0.2MPa，保持24小时，每小时泄漏率不超过0.5%。

8）医用气体终端

（1）设备带外形结构和功能应满足设计和使用要求，设备带安全性能应满足ISO11197的要求。

（2）设备带采用铝制一体成型，设备带中强电、弱电及气体管道要走在三个独立通道内，在公共通道内的管线须符合国际安全标准要求，气源及电源必须分隔布置，面板采用活动扣板式设计，方便日常检修。

（3）病房设备带靠床头墙壁安装，便于护士操作。设备带内部在每张床位安装位置预留220V、16A电源；电源采用3线制（含地线）。

（4）为安装使用方便，本项目设备带按标准段设计，每张床位一条，设备带长度1.5m。

（5）气体终端：要求满足ISO9170标准的安全性要求。具有低维修率、高寿命的特点；所有气体的终端插头不可互换；高气密性、国际标准面模颜色、操作简便；可实现单手操作、双密封面自动带维修阀；气体终端应确保不会破损且经久耐用。有效寿命可连续插拔不低于2万次无故障。

（6）应统一全院医用气体单元的终端制式。

9）医用气体监测报警系统

（1）在每个楼层的护士站设有氧气、真空压力监测报警器；氧气和真空管道在每层还设有紧急切断阀门箱。

（2）医用气体系统报警应符合下列规定：

①除设置在医用气源设备上的就地报警外，每一个监测采样点均应有独立的报警显示，并应持续直至故障解除；

②声响报警应无条件启动，1m处的声压级不应低于55dB（A），并应有暂时静音功能；

③视觉报警应能在距离4m、视角小于30°和100lx的照度下清楚辨别；

④报警器应具有报警指示灯故障测试功能及断电恢复自启动功能，报警传感器回路断路时应能报警；

⑤每个报警器均应有标识，且医用气体报警装置应有明确的监测内容及监测区域的中文标识；

⑥气源报警及区域报警的供电电源应设置应急备用电源。

（3）气源报警应具备下列功能：

①医用液体储罐中气体供应量低时应启动报警；

②医用供气系统切换至应急备用供气源时应启动报警。

（4）气源报警的设置应符合下列规定：

①应设置可24小时监控的区域，位于不同区域的气源设备应设置各自独立的气源报警；

②同一气源报警的多个报警器均应各自单独连接到监测采样点，其报警信号需要通过继电器连接时，继电器的控制电源不应与气源报警装置共用电源；

③气源报警采用计算机系统时，系统应有信号接口部件的故障显示功能，计算机应能连续不间断工作，且不得用于其他用途，所有传感器信号均应直接连接至计算机系统。

（5）区域报警用于监测某病人区域医用气体管路系统的压力，应符合以下规定：

①应设置医用气体工作压力超出额定压力±20%时的超压、欠压报警以及真空系统压力低于37kPa时的欠压报警；

②区域报警器宜设置医用气体压力显示，每间手术室宜设置视觉报警；

③区域报警器应设置在护士站或有其他人员监视的区域。

（6）就地报警应具备下列功能：

当医用真空汇机组中的主供应真空泵故障停机时，应启动故障报警；当备用真空泵投入运行时，应启动备用运行报警。

（7）为满足全院报警设备统一管理，医用气体系统宜设置集中监测与报警系统。

（8）集中监测与报警系统的监测系统软件应设置系统自身诊断及数据冗余功能。

（9）集中监测管理系统应有参数超限报警、事故报警及报警记录功能，宜有系统或设备故障诊断功能。监测及数据采集系统的主机应设置不间断电源。

（10）报警装置内置的传感器精度高、可靠性高，带自诊断功能，能显示传感器本身故障不会造成误判断。

5.协同施工，优化设计

原设计吸引管道可采用镀锌钢管，丝接，压缩空气管路采用不锈钢管，承插式焊接。采用镀锌钢管需要对管道进行套丝，工序繁琐，耗费时间，不锈钢管道焊接效率低，质量不易把控。为了能够加快现场施工进度，更好地把控施工质量，将管材统一明确为薄壁不锈钢管，卡压连接。

6.3.7 隔离病房监控系统专业设计

1.设计依据

《传染病医院建筑施工及验收规范》GB 50686—2011

《视频安防监控系统工程设计规范》GB 50395—2007

2.设计范围

主要针对监护病房中，患者通常无法将他们病情恶化的情况反映给医护人员。视频监控使医护人员可以每周7天每天24小时监控患者。发生紧急情况的时候，治疗医师能迅速做出反应，增加患者的生存机会。医生对患者尽可能地实施实时全程监控，有利于医院的规范化管理，改进对患者的诊治、护理水平，同时，将手术过程录像保存，有助于解决医疗纠纷，分清责任。

3.设计思路

1）可靠性与稳定性

所有硬件产品的选型要选用成熟稳定的产品，尽可能在一个系统中选用同一品牌的设备，在无人值守和远程配置的情况下，系统要能够长时间稳定可靠工作。所有软件系统均应经过严格的测试和长时间实际运行考核。图像监控系统的运用不应影响被其监视设备的正常运行，系统局部故障不影响整个监控系统的正常工作。

2）先进性和实用性

根据医院建设要求，系统设计应采用图像监控、网络、计算机等最新发展技术，符合视频监控技术的发展方向，同时要考虑系统的总体成本以及实际的地理条件，要保证系统设计尽可能实用。因此，不仅要求设计严密，布局合理，能与新技术、新产品接轨，而且所选择的设备应在实施若干年后，亦能保持其功能完善、齐全，不至于落后。

3）易用性

所有用户监控界面均为图形化界面，可方便进行各种日常维护工作，能够方便地进行软件的重新配置、系统的自检与恢复、软件系统的升级和硬件备品备件的更换等工作。

4）开放性

该系统设计应充分考虑系统的功能扩充和容量的扩展，可灵活增减或更新各个子系统来满足不同时期的需要。系统用户管理、系统配置和系统管理全部实现数据库配置维护和管理。系统扩充容易，直接扩充前端设备，系统管理员进行系统配置即可。选用的产品和设备须符合工业标准，以便未来系统的扩展和升级。

5）实时性

监控系统最基本要求的就是要将被监控对象发生的事件在有限的时间内及时、准确地反映上来，因此实时性与准确性的原则必须贯穿于整个系统设计，要求视频监视图像必须流畅、延时小，图像失真率小，保持稳定、高质量的视频监视图像。

4.设计方案

根据医院的实际情况专门设计出一套数字化网络视频监控系统方案，它主要分为视频采集、编码传输、网络视频集中管理三个部分。

1）视频采集部分

视频采集部分主要是前端的摄像机以及其配套的产品等，包括电源、支架、护罩等，是整个系统的"眼睛"。它布置在医院的某一位置上，实时采集各个监控点的视频画面，并通过传输部分传回监控室，进行处理。各个监控点安装摄像机可以进行现场画面的实时采集并传输，以保障医院工作人员及患者的人身安全，当值班人员发现可疑人员及情况时，可以及时作出反应，进行处理。本项目的前端设备具体选型如下：

设计在医院的出入口、楼梯口以及走廊的公共区域安装高清红外半球摄像机，650线高清，配4mm镜头，吸顶安装；自带15m红外灯，白天为彩色，晚上自动转为黑白，同时启动红外灯进行补光，可以实现24小时实时监控，可以清晰地记录下出入过往人员情况，红外灯采用聚光灯和散光灯混合应用，实现了红外灯的照射距离和角度的互补，补光效果更好。部分危重病房，设计安装高速红外半球摄像机，其采用1/4微步进，精度达0.05°/sec，可以水平360°连续旋转，垂直/水平旋转速度最高达300°/s；127个预置位，8组巡航轨迹，4防区隐私区域；摄像机具有10倍光学变焦，IR CUT日/夜转换功能，自带30m红外灯，白天为彩色，晚上自动转为黑白，吸顶安装，美观大方，可以实现室内监控全角度、无盲点，集美观大方、精巧、紧凑、强度高、便于安装布线等一系列优点于一体。所有的摄像机输出的均为模拟信号，需接入网络视频编码器转为数字信号，进行网络视频远程传输。

2）编码传输部分

编码传输部分也就是视频信号由模拟转为数字，通过网络传输到网络监控中心的部分，在此项目中，可以根据现场各个摄像机的实际安装位置，选择单路或四路的网络视频编码器，将摄像机输出的模拟视频信号直接转换为数字信号，通过双绞线接入附近的交换机，再通过医院现有网络接入到网络监控中心的网络视频综合管理平台。网络视频编码器本身具有字符叠加功能，在摄像机将实时图像接入到网络编码器的时候，编码器便可以针对此路视频的信息进行手动标注，并以字符叠加的方式，将带有字符的画面通过网络传回到网络视频综合管理平台，这样在网络监控中心所显示的图像，可同时显示相应的必要信息，如摄像机编号、通道名称、日期及时间等字符，并可用简体汉字显示。

3）网络视频集中管理部分

网络视频集中管理软件是整个系统的"心脏"和"大脑"，是实现整个系统功能的指挥中心。所有的网络视频信号机报警信号通过网络接入网络监控中心，通过网络视频集中管理软件纳入网络管理平台中，本套系统平台主要包括以下几个部分：

（1）认证服务器：

认证服务器也就是资源管理数据库服务器，它是整个视频管理平台的核心，主要包括其他各个服务器的登录认证，各前端设备和用户的接入认证等，有专门的一个配置管理中心程序进行配置管理，可以在同一台机器上，也可以在其他机器上进行远程配置管理。有了认证服务器，其优势如下：

①网络安全性提高。外界通过平台访问设备，首先访问的是认证服务器，只有通过认证服务器确认是合法用户后，才能根据其相应权限转到相应的流媒体服务器或设备。

②设备便于管理。如果需要添加删除前端网络设备的话，只需要通过配置管理中心在认证服务器中添加或删除就可以了，其他都不需要改动，各个用户根据自己的权限，自然就可以看到或看不到新增加的设备。

③用户便于管理。如果想增加一个用户，删除一个用户或者更改一个用户的权限或密码，只需要通过配置管理中心在认证服务器中直接更改就可以了，不会涉及其他操作，即使原有用户离职，本套系统还是非常安全。

（2）流媒体服务器：

流媒体服务器具有转发和存储功能，它主要负责转发前端合法的设备给合法的网络用户，它还具有组播功能，就是把前端的同一路图像分成几份，转发给多个用户，不会增加前端设备到中心的带宽。如果需要的话，还可以实时存储。

（3）报警服务器：

报警服务器是用于接收、管理、转发前端设备发送过来的开关量报警或移动侦测报警信号的，通过报警服务器的设置，可以分配各个用户接收、处理报警信息的权限，设置接收到报警信息之后的联动功能，例如：当接收到一个报警信号后，可以将相应的现场画面弹出到指定的一个或多个用户的客户端窗口，同时可以启动报警声音，启动备份录像，打开现场灯光等操作；值班人员双击报警信息，便可以显示出预先设置好的防区信息，包括报警等级、紧急预案、相关负责人的联系电话等，方便值班人员迅速作出反应。

（4）数字矩阵服务器：

数字矩阵服务器就是将前端的任意画面可以自由切换到电视墙上放大显示，可以实现手动或自动切换，方便值班人员更直观地了解到现场的情况。

6.4 设计与招标采购、施工的融合

设计、招标采购、施工是EPC项目的主线，设计首当其冲，起到引领作用，设计与招标采购、施工的信息交流、衔接和协调工作顺畅与否，直接影响着项目的成败，对于沈阳市第六人民医院隔离病房新建及改建一期项目而言，直接影响着沈阳市抗击新冠疫情的成败，关系着成千上万个生命的健康与安全。

6.4.1 EPC模式下设计与招标采购、施工配合的优势

具体优势见表6-3：

EPC模式下设计与招标采购、施工配合的优势　　　　　　　　　　表 6-3

序号	分类	内容
1	投资控制方面	EPC模式下一次招标，一个合同，招标程序缩减，合同关系简化，招标成本减少。通过强化项目前期工作，提高项目可行性研究和初步设计深度，可实现对投资总价的整体控制，省去索赔及费用增加，项目最终价格及工期要求的实现具有更大的确定性
2	质量和技术控制方面	EPC模式通过设计、招标采购与施工过程的组织集成化，促进设计、招标采购与施工的紧密结合，从而在工程的具体实施过程中更好地达到本项目总体规划布局和发展战略及施工技术要求质量标准，这也是以施工方为龙头的总承包模式的主要优势所在
3	进度控制方面	通过设计、招标采购与施工一体化的实施与管理，减少传统模式设计单位与施工单位之间的配合与摩擦，克服由于设计和施工的不协调而影响建设进度的弊端，从而保证在招标人要求的工期内完成工程建设
4	合同管理方面	招标人只与EPC承包人签订工程合同。签订工程合同后，EPC承包人可以把部分设计、施工服务工作，委托给分包商完成；分包商与EPC承包人签订分包合同，而不是与招标人签订合同。这样就减少了招标人合同管理和协调方面的工作

6.4.2 EPC模式下设计与招标采购、施工融合的常见问题与解决措施

1.设计与招标采购、施工沟通协调常见问题

设计单位在与招标采购、施工单位之间沟通协调时容易出现以下问题：

1）相互脱节、效率低下

由于三者独立办公，容易造成信息迟滞，沟通效率低下，设计进度缓慢；针对特殊情况，没有相应的应急机制，设计单位设计优化主动性不够，设计保守，不让步，怕担责；深化设计职责不清，影响相互协调，设计图上"见厂家""见装修"等牵引增加，统一性受到影响；设计单位不能及时掌握招标采购部门市场调研结果，设备、材料等难以采购，影响施工进度。

2）方式粗放、缺少细部

面对特殊工程，设计单位工程仿真计算能力欠缺，缺少深化设计，加上采购的时效性，设计图变更较大，版本增加、效率降低。缺少施工放样图与节点详图，设备管线综合较难，错、漏、碰、缺时有发生，设计施工BIM技术应用存在脱节。对装配式建筑而言，设计、生产、施工的相互协同更存在问题。

2.解决措施

快速高效融合，筑起疫情防控的坚固堤坝，保质保量，工期为主，适当考虑成本管控，是对沈阳市第六人民医院隔离病房新建及改建一期项目设计、招标采购、施工的第一要求。为了避免上述问题影响应急工程大局，指挥部果断采取措施，对设计单位提出要求：

1）设计单位24小时驻场

接到设计任务后，中国建筑东北设计研究院设计团队开始24小时驻场，结合现场实际情况，编制施工图。为了不影响采购和施工，设计团队仅用不到两天时间就完成了初版设计，明确了设计采购文件技术要求。虽然，初版设计方案只能先考虑可行性，无法结合市场现状，导致部分设备、材料无法购得或者存量不足，但也为中建二局的采购和施工部门，提供了开展工作的依据，有效推动了工程进展。

2）设计、招标采购、施工建群办公

设计图纸需要设计、招标采购、施工、厂商等单位共同复核，由于时间节点和工程性质的特殊性，箱式板房、气密门、电缆等大宗材料都需要设计与招标采购部门反复相互提资，才能确定厂家，明确设备、材料规格型号；设计方案的可行性需要施工单位进行现场复核。为了提高效率，设计、招标采购、施工三部

门建群办公，市场调研结果、现场踏勘条件、设计变更等信息第一时间在群内共享、沟通、协调，不闭门造车，减少歧义，减少无用功。

3.设计与招标采购、施工高效融合案例

1）逆向设计，快速出图

在本次沈阳市第六人民医院隔离病房新建及改建一期项目的设计工作中，当属4号负压隔离病房楼工作量最大、难度系数最高、分量最重。疫情爆发初期，韩国全国只有不足200间负压病房，只因负压病房系统复杂，成本高昂，本工程要用10天时间，一次性建造48间，可见难度之大。然而，将一座具有将近30年楼龄，几经拆改的普通病房楼，改造成一座负压隔离病房楼，其难度等级，比新建更甚。

对于设计来说，首要任务是拿到原始设计文件和现场总图。30年前的设计文件还只有纸质版，只能将纸质文件扫描，转化成电子版，重新绘制轴网，细部整合，形成设计底稿。经过多次改造，建筑底图与现场实际情况已经多有出入，建筑布局、门窗位置、房间分隔、房间功能、设备数量和位置、管线标高等信息都需要现场复核，进行逆向设计，才能保证设计的准确性，减少返工。为此，设计与施工单位24小时泡在现场，施工人员昼夜不停地测量、放线、定位，第一时间将信息反馈给设计人员，使其在最短时间内逆向设计出了4号楼底稿和传染病医院总平面图，为设备专业设计赢得了时间，为全专业快速准确出图奠定了基础。

2）设计招标采购双主导，及时变更保现场

在新冠肺炎疫情和春节叠加的特殊时期，厂家停工、工人返乡、商铺歇业，有技术标准无资源，有资源库无仓储，是本工程不可逾越的一道难题。为了应对这种情况，及时解决设备、材料采购不到或者市场存量不足的情况，本工程形成了设计、招标采购双主导的局面，即设计与招标采购相互提资，招标采购部门根据设计要求进行市场调研，设计部门根据市场调研结果进行设计文件编制，共同确保设计文件的可行性、物资供给的可靠性、现场进度的可控性。过程中不乏经典案例：

（1）原电气设计变压器低压侧主进线电缆为YJV22-1kV-2×（4×150+1×70）铜芯电缆，空气源热泵配电柜进线电缆为YJV22-1kV-2×（3×95+2×50）铜芯电缆，经过对沈阳市及周边省市的调研发现，相应型号铜电缆无库存或者库存数量不足，经过设计与招标采购团队协商，果断采取两项措施：一是统计资源现状，根据能采购到的主电缆长度，协调电力部门，移动箱变位置；二是将铜电缆变更为铝电缆，YJV22-1kV-2×（3×95+2×50）变更为ZC-YJLV22-1kV-2×（4×150）+2×（1×70），先确保现场进度，待疫情结束后，再酌情将铝电缆替换回相应的铜电缆。

原设计负压病房墙面采用医用洁净板，经过招标采购部门多方协调资源，仍然无法保证供货，为了保证现场进度，设计团队果断将洁净板变更为较容易采购的医用洁净漆，既满足医疗卫生要求，又规避了因洁净板无法到货影响交付的风险。

（2）装配式病房楼总建筑面积2342m²，容纳床位数为50床。由于箱式板房属大宗商品，且需要厂家配合组装，既要考虑厂家库存，又要考虑工人能否及时到场，不能一味以设计要求为主，还要考虑现实条件。经过招标采购部门市场调研，确定满足所有要求的厂家后，厂家、招标采购、设计、施工共同配合，完成设计文件编制。密闭门、传递窗的设计选型，采取了同样的方式，根据库存产品型号、尺寸、数量，适当地修改设计要求，充分利用库存，减少定制加工，减小交付风险。

第七章

应急工程EPC招标采购及
资源整合管理

EPC总承包模式是国家大力推广的一种建设工程总承包模式。在EPC项目中，物资采购管理处于举足轻重的地位，采购工作对项目的工期、质量和成本都有直接影响。采购管理的优劣直接影响到质量、投资、工期三大目标的控制。

在传统的管理方式中，材料供应商的选择、订货、现场管理、安装及设备材料采购费用结算，由设计单位、建设单位和施工单位分别管理，导致联系不密切，甚至"脱节"，互相制约。因此，设备积压、现场"窝工"、工程返工、达不到预期工期、设计能力，大幅度突破费用控制等弊端时常发生。而EPC，即设计、采购、施工总承包，可以把设计工作和设备材料采买、催交和过程控制、现场管理及质量监督有机结合起来，可以防止以上弊端的发生。以设计为先导，实行采购、施工总承包，项目的采购管理还能将采买、物流、接保检等纳入一体化程序中，从而统筹设计、采购和施工。

EPC项目物资采购具有采购量大、采购包价值高、物资种类多、采购周期短、质量要求高等特点。基于EPC项目物资采购的特点，采购策略、公开招标、材料控制是EPC项目物资采购管理工作的重点。

2020年1月25日（大年初一）晚，中建二局北方公司接到建设沈阳市第六人民医院隔离病房新建及改建一期项目任务，公司立刻组建沈阳市第六人民医院隔离病房新建及改建一期项目招标采购小组，统计可以随时到场的管理人员和在家办公的管理人员。制定好明确的分工，当晚火速联系各类资源方，摸排劳务人员情况及进场时间等，确保现场可以顺利准时开工，为工程顺利推进做好资源保障。

7.1 劳务及专业分包招标采购管理

7.1.1 招标采购小组的组建

加强设计与招标采购的联动机制，安排专人直接与技术对接。通过与设计的深入沟通，全面地了解设计需求，确定需要招标材料的参数、型号、外观等基本信息，确保招标采购工作的顺利进行。密切跟进深化设计，及时汇报技术设计变更中新增或替换的材料，避免耽误时间影响现场的施工进度。

安排专人精准计算图纸工程量，提高工程量的准确性。避免出现进场材料不足、二次采购的情况，尤其是对于需要排产或运距较远的材料。

全面核查图纸，查缺补漏，全面保障资源。确保"宁可资源等现场，切勿现场等资源"的原则，不能影响现场施工进度。

7.1.2 招标采购前的准备工作

组织召开资源需求大会，研究探讨本工程前期所急需的人员、物资、材料、设备等信息。

针对劳务资源，要了解现场内劳动力需求情况，提前列出所需要的工种（普通工种、专业工种、特种作业人员等），并初步拟定白班、夜班各所需要的人员数量。提前制定各工种的白班、夜班的工资薪酬方案，统一把控，以防止后期劳务结算扯皮。

针对专业分包资源，提前把各专业分包进场的时间提前拟定，了解工序穿插，尽量避免窝工情况。核查图纸，形成全面的资源清单，做到知己知彼，确保百战不殆。

针对特殊设备资源，提前判断了解供货方的生产能力、运输周期等。特别是与医疗用品相关的资源，是否有现货，是否可以用别的产品代替，是否有特殊功能要求（无菌、密闭、洁净）等，均需要提前进行预判，确保资源保障工作顺利进行。

多方位寻找劳动力资源，摸清公司资源数据库和局内系统大数据，紧紧依靠公司、二局强大的劳动力资源体系，再利用政府、院方等资源网联系到火神山的特殊设备供应商，通过多种方式召集社会资源，召集劳动力和材料等相关资源。以"有什么，用什么"的原则，充分利用现有的资源，缓解招标采购工作的压力，快速推动现场进度。

7.1.3 招标采购中的基本情况

时间紧，任务重，是这次工程的最大难点。

沈阳市第六人民医院隔离病房新建及改建一期项目的工作就是与时间赛跑，与病魔赛跑，跑赢了才会给更多的人带来希望。招标采购小组要以最快的速度为现场的工作组织资源，为施工现场提供强有力的条件，预留出充分的时间。

工程施工正处于疫情爆发和春节假期期间，材料供应商基本上已全部放假，工厂关闭，周围城乡已经临时封闭，交通运输受限，材料设备等进场招标采购极为困难。开工期间正处于疫情爆发期，谣言四起，工作面高度密集，导致许多分包害怕进场。

招标采购小组每天都是白天天刚亮就开始进行招标采购工作，每天至少拨打上百通电话寻找分包，工作一直进行到凌晨，导致了许多分包的不理解。凌晨过后还要召开夜间会议，总结汇报当天招标采购工作完成情况和遇到的困难，探讨解决方法并制定第二天的工作内容。

本工程使用的设备材料均为医疗专用设备材料，本身具有特殊性，部分设备材料型号、参数、规格等种类繁多，无法对比出各家的性能、价格等。单位的资源库中具有相关资质生产的厂家相对较少，部分材料库存不足、生产周期长。管理人员对此类设备材料了解不充分，无法确定是否满足院方的质量要求，导致招标采购难度加大。

7.1.4 招标采购过程的困难与解决措施

1.劳务队伍资源紧俏

（1）疫情爆发期间正值春节节假日期间，外地务工人员均已经返乡过年，导致劳务人员召集困难。任务紧急下达，要求 2020 年 1 月 26 日（大年初二）正式开始动工，为工程的顺利推进埋下了隐患。

（2）部分劳务分包多为外地企业，各省市均已启动隔离措施，工人无法出行，导致务工人员短缺，人员组织困难。

（3）沈阳市第六人民医院为沈阳市新型冠状肺炎患者收治的唯一指定地点，其本身作为传染病医院，已有患者正在院区内进行治疗，传染风险极大，部分务工人员对此有极大的心理壁垒，拒绝出工。

针对以上问题，公司上下一心，积极对全公司范围内优质劳务资源进行搜索排查，寻找实力过硬的长期合作劳务公司，对沈阳及抚顺、铁岭等周边区域务工人员进行紧急召集，以超过市场平均价格雇佣劳务工人。同时稳扎稳打做好疫情防控工作，租用客车集体出行，尽量避免乘坐公共交通工具，确保务工人员路途安全。通过政府相关部门的支持，对外地（除重灾区及其他高风险地区）可以返沈参建的人员视具体情况下发绿色通行证，确保六院改扩建工程参建人员返沈后即刻进入现场施工。提前预订酒店，统一务工人员的食宿问题，集中管理。第一时间对务工人员进行思想教育工作，国家有难，人人有责，不能顾小家忘大家，获得劳务分包的全力支持。

2.隔离病房（箱式板房）

（1）箱式板房为专业分包，非普通工种可以直接施工，许多厂家现场安装人员、场内生产人员严重不足，无法满足现场工期计划。

（2）隔离病房采用集装箱式板房进行搭建，初期设计图纸未出，无图纸进行招标对集装箱样式及参数等都是未知，导致单价无法确定，资源寻找困难。

沈阳当地大规模集装箱厂家较少，库存较少，标准型号不能统一，很难符合工期要求。外地企业由于单位刚刚放假，临时组织人员需要时间，且场内标准板库存不足，无法满足施工工期，等待生产已来不及。

为了能够满足工期需求，技术人员连夜画出设计草图，确定集装箱样式及参数等具体信息，据此进行初步招标，确保资源整合迅速落地。每日对施工人员进行统计，保证工期绝不延后。与此同时，对沈阳当地集装箱板房厂家进行协商，第一时间对全公司内部箱式板房进行咨询，保障物资进场。起初项目打算利用多家分包库存联合供应项目使用，最大限度缩短物资供应周期以保证工期，但因各家库存参数型号等不同，无法组装而放弃此方法。经过项目不断对设计进行优化，调整参数，最终确定沈阳当地企业海纳百川（沈阳）模块化房屋建筑工程有限公司作为供应商，其承诺可立即召集本地及周边务工人员进行返场施工，且标准板库存满足现场施工进度要求，可24小时不停息生产施工，积极配合我方对六院的援建工作。

3.密闭门

（1）密闭门为负压隔离病房专用门，空间密闭性要求高，负压隔离病房内外压力差控制度高，普通厂家无法生产，需具备相应资质的分供方才能生产销售，这样的高标准导致寻找符合要求的资源极其困难。通过市场调查后发现，该资源在沈阳地区属于垄断情况，仅有一家生产厂家可满足工期要求，受其垄断导致招标采购及价格确定举步维艰，而且要求现款现结，打入全款以后才能装车发货。

（2）市场资源中现货不足，且图纸改动大，总需求量一时之间难以确定，无法在同一批次内全部完成生产，同时加工周期不满足二次生产条件，对工期是一种严峻的考验。

（3）后期变更增加少量门，因数量太少，合作单位不愿意单独生产，且价格偏高。

公司在此艰难的情况下，与当地多家企业及外地在建火神山生产厂家联系，深入了解生产周期、库存情况及运输周期，尽全力优中选最优。同时，市里领导高度重视此情况，积极同合作厂家进行商谈，股份公司领导亲自同厂家沟通协调，最终该厂家同意对六院进行库存内产品低价销售。为满足施工需求，项目采用分批采购、分批订货的原则，库存以外的密闭门提前进行生产，保证第一批安装完毕前，第二批次可提前进场。施工阶段，不断对后期新增门进行设计优化，调整门洞口尺寸，充分利用之前无法使用的库存门，减少了工期风险（图7-1）。

图7-1 密闭门到场

4.传递窗

传递窗仅在负压隔离病房中使用，公司资源库中的厂家几乎已经全部放假停产，极少留有库存。沈阳当地无相关单位可以生产传递窗，外地单位受疫情管控影响又无法进行实地考察、无实际样品，且外地厂家运输时间较长，实际工期极短，如若无法进行预安装，一旦出现问题工期已没有返工处理的时间。

在院方领导的高度协助下，通过网上查询，最终确定现场使用的传递窗图片的样式，为资源的寻找成功迈出一大步。确定样式后联系火神山使用的生产厂家进行咨询，确定细节后锁定资源。通过技术参数比对，结合厂家发送的动态安装视频及实际安装视频进行分析，一次性采购齐全（图7-2）。

图7-2 传递窗安装效果

5.新风系统及通风系统设备采购

医疗专用的新风系统及通风系统设备专业性强，参数较多，型号复杂，提前梳理确定系统参数是采购的一大难点。

调动公司所有机电专业人员进行支援，按照图纸清单全面梳理系统参数，确保无误无遗漏，为招采工作打好基础。最终选用与沈阳宝马厂房项目长期合作且有医院施工经验的机电分包，该单位调动全国合作厂家，对所有零配件进行统一调配，对每个构件生产周期及运输时间进行批注，每日对比材料进场情况，发现异常及时采取相应措施。保证设备清单提取准确，一次性采购，确保工期。

6.专业分包—墙面洁净漆

六院改扩建项目最初设计图纸中使用医用洁净板，沈阳当地及周边的厂家库存及生产周期无法保证工期要求，外地厂家发货周期较长，且长时间内无法恢复产能，无法批量生产同规格医用洁净板。同时，经现场考察4号负压隔离病房楼原有墙面情况无法满足医用洁净板施工要求。

为满足项目实际使用需求，同院方沟通商讨后通过技术优化变更，最终采用医用洁净漆代替洁净板。根据院方的专业经验，指定广州亮豹涂料科技有限公司作为洁净漆厂家，由于发货地为广州市，距离太远，通过同顺丰物流总部沟通，专车发货，协调货运车途经城市的所有关口进行绿灯放行，极大缩短了运输时间。

7.2 物资设备招标采购管理

7.2.1 应急EPC工程总承包物资设备招标采购管理特点、难点

1.应急EPC工程总承包物资设备招标采购管理特点

物资设备招标采购作为EPC项目的一个重要组成部分，是设备、材料招标投标，合同签订，催缴，运输等系列合同的集合，EPC项目采购成本下降不仅仅体现在企业现金流出的减少，而且直接体现在成本费用的下降、利润的增加，以及企业之间竞争力的增强。加强材料采购成本的管理和内部控制，完善材料采购管理制度，将会给企业带来良好的经济效益。设备、物资采购的质量、速度以及采购成本对EPC项目是否能按期、顺利交付具有重要意义。

2.应急EPC工程总承包物资设备招标采购管理难点

1）建造要求高

沈阳市第六人民医院作为一所集中收治新型冠状病毒肺炎患者的传染病专科医院，与常规医院相比，仪器设备更先进、应急保障更完善、环保标准更严格、信息化程度更精确、对医护人员保障更高。建造工期内需要满足设计施工所需要的一切材料设备。

2）建造条件差

（1）资源组织困难。工程施工正处于春节和疫情爆发的特殊时期，生产厂家暂停生产，供应商停止供货，沈阳市机场、车站、高速通道、公交系统全部封闭，长期合作的核心物资资源无法及时到位，各类材料设备由于无法进行实地考察，无法真实准确及时地了解厂家库存情况，材料品质控制难度大。

（2）材料堆放场地狭小。沈阳市第六人民医院所处位置特殊，为院方原有停车场，刨去项目用地和预留的进出道路外，所剩的可堆放材料场地极为有限。在同一施工阶段内，无堆场转移时间；在不同施工阶段的转换前，若不能严格按照计划时间对堆场内未用完的材料提前转移，下一工作面及工序将受到影响。

（3）物流运输困难。春节期间物流单位放假，沈阳市内外物资转运至施工现场困难。受疫情影响，很多从疫区及疫区周边发出或者经过的材料设备有被严格审查甚至扣留的风险，影响施工进度。

7.2.2 应急EPC工程总承包物资设备招标采购管理要点

1.制定采购计划

采购计划是对EPC项目所有设备、材料采购活动的整体安排和规划，对整个工程项目起指导作用，也是采购管理工作的一个重要组成部分。首先，了解工程施工的逻辑关系，在进度计划中明确设备、材料进场顺序，参考工程施工进度，结合设备制造周期，以及土建接口提交的限制条件，合理确定采购文件提交时间和采购计划。其次，重点跟踪、关注关键路径上设备、材料的采购进度，特别是在赶工的过程中，随着项目的推进，关键路径上的设备是会不断发生变化的，需要高度关注。最后，对于预装设备、预埋材料要根据项目进度要求合理安排采购计划，此类工程材料滞后会直接影响到工程进度。

2.建立采购程序

EPC工程中经常因设计进度滞后、设计采购文件技术不明确，或技术规格书设计频繁变更，从而影响采办工作的顺利进行，导致物资采购不能按时完成，既增加了采办人员与供应商商务谈判的难度，也增加了采办的人工成本。设计、采购对整个项目起着至关重要的作用，设计的图纸复核，需要厂家、设计、施工共同完成，完成的质量和速度也是和其配合默契程度息息相关的，当设计的要求描述不明确或不具体时会让某些厂家钻技术漏洞，损害承包商利益，也可能给厂家反索赔埋下隐患。因此，EPC项目中的采购管理程序显得更为重要，不仅需要按照组织设计的原则和方法，细分采购的每一项工作的目的及各个岗位职责，比如在招标采购工作中，包括标书的编制、审查、批准、招标、澄清、开标、评标、定标、谈判、签订合同等一系列工作，根据相关的要求进行规范采购，还需要明确各部门之间的分工协作，如设计文件的传递，递交进度，结果反馈。

3.加强供应商的优化选择和管理

首先，在EPC工程中供应商的选取尤为重要，由于总承包商与业主双方立场不同，总承包商对工程所需设备材料要求满足最高性价比，而业主要求的是品牌、质量和功能，所以一般业主会提供供应商短名单，要求总承包商选择短名单内的厂家，由此保证材料的品牌和质量。而总承包商一般为降低设备材料采购成本，通常会首选质量有保障，供货期能满足要求而且价格也较一流国际品牌产品有优势的国内供应商。因此，双方在推荐、选择供货商环节上需要交流、沟通、协调，从而满足采办工作的进一步开展。其次，加强对供应商的管理和监控，采购的主要工作之一就是对供应商资质预审，综合审核供应商的相关资质、技术水平、生产规模、经营状况、信誉度等级、历史业绩等考核指标，对于重要设备和材料，还需到厂家进行实地考察；合同签订后，应督促供应商严格履行合同，做好催交催运工作，跟踪材料到场时间、生产周期、检验等各环节，如果供应商未能按照供货计划进行，需要加强监管力度，及时催促供应商完成各环节工作，对于不守信用的供应商应列入黑名单。最后，加强对质量监造公司的有效管理和监控，采购管理中由于工期紧，质量检验人员匮乏，可以采取质量监造业务外包对供应商进行监管，在与第三方检验公司签订的质量监造服务协议应尽可能详尽，并附上相应的采购合同、技术资料等，明确质量监造方具体检验范围和内容，同时需要明确规定对漏检和未检出的瑕疵需要负连带责任，降低由于质量监管过失带来的业主索赔风险。

4.加强各部门协作

由于招标采购与设计、施工是项目的主线，其信息交流、衔接和协调工作顺畅是项目成功的保证。例如，由于设计材料单滞后导致物资不能及时到场，不能满足施工计划需求，或者材料到场后施工图纸未更新，或者有些施工急需的材料不能按施工计划及时到位等问题，主要是由于施工工程师与招标采购、设计人员在施工环节信息沟通不够，因此，在项目实施过程中需要加强沟通交流，及时传递更新技术信息。

7.2.3 物资设备资源分析

1.材料设备

（1）大宗材料：六院项目分为楼房改建和箱式板房安装，故施工过程不涉及钢筋混凝土等材料，大宗材料以水电专业占比较大。设计单位在进行设计时考虑使用铜电缆，但是采购部门在实际采购中发现沈阳及周边地区根本无法按要求提供如此之多的数量。由于项目采用EPC工程总承包管理模式，充分运用其优势，设计施工同时进行，采用施工引领设计，充分调研使用铝电缆替代铜电缆的可行性，在得到设计院肯定的答复后，迅速展开资源网进行覆盖式资源采购，过程中却又出现问题：不是型号不全就是库存不足，在统计完各家分供方电缆规格数量之后，我方设计和施工单位迅速开始下一轮方案讨论，决定尝试更改变电所位置，这样缩短了电缆敷设长度，既可以保证电缆数量满足使用又减少了施工成本。在政府和变电所领导的大力支持下，方案快速通过，工程进度没有受到影响（图7-3）。

图7-3 铝电缆进场

（2）一般材料：本工程一般材料种类繁多，灵活性强，变量大，涵盖板房基础方钢和各类型钢、砖、沙子、水泥、防火门窗、密闭门窗、涂料及各类包边包角等装饰材料。在4号负压病房楼改建过程中，存在大量门窗墙体拆改工程，各种材料包括瓷砖踢脚线等需要根据原有医院装修风格进行采购，不仅要考虑采购量，各类材料如何到达现场，厂家储备货源规格不满足使用还要考虑排产周期。多种因素预判必须前置，然后根据计划量逐一摸排、对比、筛选，确定并组织进场。在采购墙面涂料时，经过多方打探，终于确定广州一家单位能够提供符合要求的底漆面漆共计101桶。但是在交付日期即将到来之时，物流信息却一直没有更新，我们意识到情况可能不对，多方打探得知，该批货物因为途经疫区被扣住，虽然货物明确标注抗疫物资却始终没有得到放行的通知，几经周折，通过政府从中帮忙协调，终于在预计日期两天后接到该批货物，工程进度没有受到影响（图7-4）。

（3）零星材料：本工程零星材料需求范围广、种类多，供应要求快、协调量大。公司应急指挥部针对这一现象专门设置物资部门，负责沈阳市第六人民医院的零星材料采购供应，由公司董事长直接授权，直接下放权限，无需请示，物资部门通过审核提料人员上交提料单无问题后直接进行材料采购，保证了材料的进场时间，基本做到了材料随要随到，从根本上杜绝了没有使用工具无法施工的现象。零星材料涉及灯具电料、五金用品、劳保及安全用品、测量仪器、塑料及橡胶制品、电器安装材料及设备、阀门、管道安装材料及设备、金属管配件、仪表安装材料及仪器、（小型）机具设备、化工材料、焊接材料及设备、消防器材

图7-4 涂料进场

和其他杂件16大类。需联动多家零采供货商，挖掘多个渠道，协调沈阳市各区，甚至周边城市共同保障零材供应，累计供应达200余车次（图7-5）。

图7-5 零星材料进场

（4）特殊材料：本工程4号负压隔离病房楼为传染病医院改建，特殊材料需求多。如医用传递窗实际需要48套，此类资源市场紧缺，资源库储备厂家不足，针对此类物资等供方资源，由物资部门全权负责物资招标、采购、议价、定价、起草合同、签订合同、结算等工作，不用另行审核审批，在资源摸排、沟通、采购过程中，把握主观性和能动性，当场即可完成合同签订、财务迅速进行预付款支付，并组织资源进场。经过资源整合，与广东佛山传递窗厂家取得了联系，保障了物资供应（图7-6）。

图7-6 传递窗进场

2.零星机械

机械设备需求量大，进出场节奏快。施工阶段所需的汽车吊、随车吊和叉车等多达100余台，均需当日组织到现场，设备进出场组织难度极大（图7-7、图7-8）。小型机具品种多，要求"随叫随到"，对资源组织提出了更高的要求。我方充分发挥公司资源优势，与长期合作单位取得联系，得到了对方的全力支持。

图7-7 排水沟破除施工

图7-8　板房吊装

7.3　资源整合

为确保工程顺利、按时完成，需要有完备的资源做保障。这就需要对工程需求做分析，了解和确定项目功能、质量及工期目标等事项的具体需求，将招标采购工作同设计、施工紧密连接起来，以指导整体资源的整合工作。

7.3.1　设计指导下的资源筹备

以需求定方向，贯通设计与招标采购两大环节，落实资源筹备方向。以需求分析作为基础完善招标采购策划，通过策划制定合理的招标采购实施方案，从项目规模、复杂程度、技术指标、工期要求等方向做好招标采购各阶段的风险预测及应对。沈阳市第六人民医院隔离病房新建及改建一期项目作为改扩建项目，同其他EPC项目不同，受时间紧、场地小、专业标准高等因素制约，大大提高了资源筹备的难度。

1.明确招标采购范围，画好资源储备范围

结合EPC项目特点、项目所在地基本情况、发包人基本需求等因素综合确定招标采购范围，考量工程地质勘察、第三方检测、功能性实验检测、项目配套工程施工图审查等专业工程，依托局分供方合规名录、公司优秀分供方、云筑网平台、属地供方资源储备，做好资源保障。

2.同步进行，抓紧每一分每一秒

各部门人员现场统一办公，打破沟通壁垒、缩短沟通时效，在完善设计的同时，根据需求大方向对已明确的需求资源第一时间列入招标采购策划中，尽可能缩短每一个环节的时间，不停地同时间赛跑。

3.相互联动，需要什么找什么

设计要求是EPC项目招标采购的核心要素之一，结合项目设计参数、技术指标（如单方工程量、主要材料消耗量）、技术标准，以设计需求为出发点，明确资源需求数量、质量、到场时间等细节点，确保物资从出厂到分发使用全过程跟进保障。通过设计对招标方案进行优化，综合考虑人、材、机费用，可以在满足技术要求的前提下，采用技术成熟、便于采购、价格可控的物资和设备。以本工程为例，通过设计与招采工作的融合，解决了工程中洁净板、电缆等材料在此特定情况下无资源、缺资源的问题，极大程度上保障了施工质量及工期。

7.3.2 资源计划落实到位

1.保证资源计划即刻落地

1）保持敏锐嗅觉迅速反应

项目进场第一时间，结合EPC类医疗项目需求及施工经验，召集有医疗类项目经验的管理及施工人员，梳理项目可能需要的各类资源，制定完善的资源库，为后续招标采购夯实基础。

2）加强沟通跟进设计方案

跟进项目深化设计，及时根据政府、医院方相关需求对设计进一步优化，调整资源储备方向，落实资源需求细节，结合当期市场大环境保障资源计划的完整性、可实施性。

2.保证资源计划准确无误

1）做到技术质量要求准确

根据医疗规范及负压隔离病房相关标准的设计要求，在保证满足使用功能为前提的条件下，提供现有储备资源的标准参数作为选择依据，对设计方案进行对比分析，在不断的优化下确定满足需求的具体技术、质量标准，确保锁定资源所具备的能力达到或高于使用需求。

2）做到物资数量需求准确

结合项目施工设计特点、各作业面交叉情况及具体施工方案，综合考虑各项施工可能出现的对需求量的影响因素，把握影响程度，计算相关资源受设计调整的数量变动，结合施工预判等全方位因素确定最终资源需求数量，确保物资需用计划中工程量的准确性。

3）做到需用时间预判准确

对已摸底的资源情况，根据资源需求做到迅速反应，缩短过程时间。结合当期供方歇业停产的大环境下，对库存情况、运输能力、当地劳务做摸排，最大限度预估资源到场时间周期。在场地狭小、时间紧张、多资源集中供应等特殊条件下，资源计划应充分考虑场内、场外情况，协调场内劳动力组织、物资到场卸货地点，沟通场外物流运输周期，以及可能遇到的交通关卡及现场车辆卸货的人员安排及分发时间，做到沟通高效。根据每日施工进度计划，优化资源全方位安排，不限于零星材料、大宗材料、特殊材料及施工机具、劳务人员等资源，争取协调到资源最佳统筹，高效运作资源供应。

3.保证资源计划全面考量

1）特殊资源提前摸排

标准负压隔离病房技术要求高、难度大，既要做到医疗设施性能达到或高于标准、保障医护人员安全，还要考虑到附近居民的安全保障、入院患者治疗期间的相对舒适，为满足各方面的需求，就需要对不同于一般医疗建设工程的特殊资源进行提前摸排，逐一同特殊资源的供应商了解库存情况、生产能力、运输周期，以满足现场实际需求及施工进度。

2）整体资源全方位统筹

项目资源要做到人、材、机三方位统筹完备，结合当时背景环境全面考虑，调动一切可调动的资源、落实一切可细化的节点，充分了解设计需求，第一时间明确设计变更情况，确保资源类别筹备覆盖无死角、资源调度时间提前不滞后、资源技术质量要求精准不掺水，全面保障现场施工，确保资源计划落实到位。

面对突发情况和不利于施工的环境条件，我们就要打破常规招采模式，在充分考量设计与施工无缝对接的前提下迅速锁定资源进场施工。

（1）在工程紧急情况下，最考验的就是各部门间衔接要足够紧密，沟通要到位，信息要及时共享。加强现场所有部门间的联系配合，可以极大程度上确保现场施工内容的更改、变更的及时性，第一时间进行材料替换、询价等内容，避免出现工作效率不高的情况。

（2）人、材、机属地资源的统筹是基础工作，对于资源的摸底特别是实力情况、施工质量、材料质量等都是需要有完善的资源管控、评价体系。做大、做实资源库储备力度，确保随时随地都有优秀的备用供应商、劳务公司。

（3）利用公司及二级单位平时积累的招采资源，强化公司与各区域各项目之间的业务系统沟通，统筹各类型资源储备情况。采用当时洽商、当时签订合同、当时支付预付款、当时组织进场的运作模式，在确保所有物资供应手续规范、程序合规，把控流程不遗漏，手续尽量不后补的前提下，确保供方资源顺利进场。

（4）针对各类材料，依托公司集采平台以及云筑网，将能够供货的单位全部纳入沈阳第六人民医院供方清单，统一管理，提前通过电话视频等方式摸查各供方实际储备及供货能力。先筛选出能够满足供应的单位，在能够供应的单位里面选择距离近、供应迅速的供应商，三用两备，保证材料进场不因任何原因出现断档。

（5）充分发挥二局资源优势，加大与二级单位以及局属其他单位的沟通，通过工期的持续开展，发掘并引进优质分供商，为二局的资源库建设添砖加瓦。

7.4 劳务资源现场管理

不同于常规的建筑施工工程，疫情期间应急传染病医院的建设是在与时间赛跑，必须在最短的时间内投入使用，劳务施工人员的足额配置是极端工期、特殊时间段下施工的重要一环。为保证沈阳市第六人民医院顺利完成，项目决定投入大量劳务人员，同时还要确保劳务人员的权益，加强劳务实名制管理，但在特殊时期、特定情况下，这无疑是一件十分困难的事情。

7.4.1 特殊时期劳务实名制的目的及必要性

为加强施工现场劳务管理，规范公司劳务用工，防范劳务风险，合理控制劳务成本，促进劳务管理水平提升，更好地为项目履约服务。

加大对农民工工资支付的监督检查力度，明确临时指挥部作为劳务分包的使用主体，也是负责监管劳务企业支付工人工资的责任主体，确保劳务工人工资实名制发放到位。同时提升劳务实名制资料的合规性、合理性。

加强施工现场作业人员的动态管理，可以更好地落实施工现场作业人员的教育、管理和服务等各项工作，更能防范劳务用工工资纠纷，维护劳务用工权益和社会稳定，进而促进严峻疫情下的工程质量、安全管理水平的提高，必须实现施工现场人员底数清、基本情况清、出勤记录清、工资发放记录清、进出项目时间清等"五清"的管理目标（图7-9）。

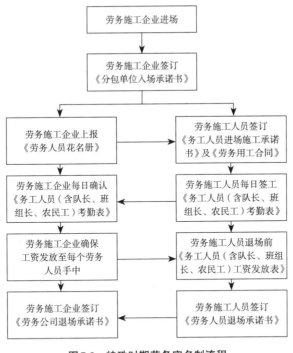

图7-9 特殊时期劳务实名制流程

7.4.2 特殊时期劳务实名制流程

在疫情肆虐的情况下，公司为更好地保障劳务用工的权益，更高效地完成劳务实名制工作，更快地完成现场施工进度，在不违背公司制度的前提下优化了劳务实名制流程。

7.4.3 劳务施工企业及劳务施工人员进场、交底

由于疫情严峻，为加快工程进度，项目临时指挥部召集了众多劳务施工企业和大量的劳务施工人员。这就要求劳务管理人员加快与施工企业签订《分包单位入场承诺》《务工人员进场施工承诺书》以及《劳务用工合同》等劳务实名制管理资料。劳务管理人员在劳务施工企业和劳务施工人员进场前连夜制作劳务实名制管理资料并打印出来，提前做好准备与时间赛跑。务求进场一家签完一家，进场一人签完一人，绝不漏掉一人。

7.4.4 劳务施工人员签工管理

本工程劳务实名制管理与其他工程最大的不同是需要现场签工，由于本工程工期短、处于疫情最严峻的时期，同时还处于春节期间，并且施工地点是沈阳抗

击疫情的最前端——沈阳市传染病医院，所以本工程的施工不是按照工程量进行分包的，需要对现场所有的劳务施工人员进行签工记录，以便后续对劳务施工企业进行结算。所以，本次劳务实名制管理的重中之重是劳务施工人员的签工，而且还要保证不能多签也不能少签，还不能因签到耽误施工（图7-10）。

图7-10 劳务施工人员现场签工

1.签到不能耽误施工

在严峻的疫情形势下，建设工期异常紧张，总体要求在进度上建设要快，在极短工期内要满足使用功能，而且在统计劳务人员用工数量时不能耽误现场施工进度，不能因噎废食。

2.劳务人员多

参建单位众多，工作界面及接口部位相互配合繁多，同一个工作面上会有不同工种、不同工作内容、不同参建单位的劳务人员。

3.管理人员不足

项目整体工期短，劳务人员实行两班倒的不间断施工模式，但劳务管理员有限，管理人员数量不足、体力透支、精力有限，对施工劳务资源管理形成了极大的挑战。

7.4.5 劳务施工人员签工管理思路

1.精细化管理

虽然现场劳务用工人员过多且管理人员不足，但是不能因此导致签到用工不够精细不能出错，签工表是劳务施工企业的结算支撑，所以劳务签工不仅关系到公司的利益，更关系到劳务施工人员的利益（图7-11）。这些劳务施工人员放弃了春节期间与家人团聚的机会，来到抗疫最前线为全国抗疫事业做出自己的贡献，所以要确保签工不能多也不能少，仔细万分。签工表要明确工种、身份证号、电话号及所属施工企业，对于不同企业、不同工种的劳务施工人员要仔细甄别。

2.各部门联动管控

对于劳务施工人员过多且施工地点随时变动的特点及难点，公司生产资源部经理及时沟通现场安全管理人员，请现场安全管理人员协助劳务管理员进行签工统计，现场10余位安全管理人员的加入确保了现场签工工作的顺利完成。且根据现场安全管理人员的建议签工时间定为劳务施工人员用餐休息时进行，这样可以确保不因签工而导致现场施工停滞。

3.提前摸底做好准备

根据每日进度计划，结合各工序工程量，联动现场管理人员，提前一天测算、统计各工区、各工序劳动力需求，专人负责，定时联系、跟踪、落实并锁定工种、工作面，再与签工表进行对比。

图7-11 务工人员工资发放现场

第八章

应急医院建设项目总承包施工管理

施工阶段是EPC工程总承包项目建设全过程中的重要阶段。施工管理包括从项目施工准备、施工问题研究、施工阶段管理，直至项目竣工验收的所有管理活动，即施工管理是一个涉及多个参与方、各个方面、多个环节的综合管理。

8.1 施工部署与总平面

8.1.1 施工部署与总平面管理

1.施工部署与总平面布置概况

沈阳市第六人民医院装配式病房楼建造工程及4号负压隔离病房楼工程位于沈阳市第六人民医院院内，是为抗击新型冠状病毒感染肺炎疫情，遏制其蔓延并有效治疗感染患者而紧急建造的临时医用箱式房，装配式病房楼为临时建筑，层数为2层，总建筑面积为2138m²，使用年限为5年，耐火等级为一级；4号负压隔离病房楼工程是将沈阳市第六人民医院4号楼原普通病房改造为负压病房楼工程，4号病房楼原主体结构形式为砖混结构，地上4层，建筑高度18.8m，改造工程总面积4912m²。

本工程平面管理（图8-1）最大的特点就是施工空间狭小，装配式病房楼与医院原有建筑最小距离不足5m，在有限的空间内将施工全过程万象包罗其中，需要认真测算和科学设计，对各工区和各生产环节场地进行合理布局，保证现场动态流线清晰流畅，将问题各个击破，将矛盾逐一化解。

2.本项目管理特点

施工部署与总平面布置是工程如何合理展开、推进的整体规划，是施工组织

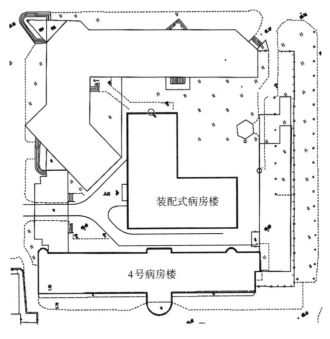

图8-1　现场平面布置图

的重要组成部分，是能否顺利完成此次应急工程任务的核心前提。如何在外部环境极其苛刻的有限条件内，通过平面及立面的整体安排、规划等基础手段，达到施工区域安排的合理化、程序化、系统化，是留给此次应急工程施工人员的极大挑战。本工程总平面管理具有如下特点：

1）时间紧迫，前期场地调查组织难度大

项目进场施工正值春节期间，管理人员陆续进场后，对项目组织架构、项目组成及概况未能有时间充分了解即投入战斗。前期进场调查中与管线管理单位、原有构筑物管理单位对接、原始资料的收集及处理措施的确定，均需在短时间内确定，为后续施工创造条件。

2）场地地质条件复杂，无地质条件资料

由于时间紧迫，越过了勘察环节，现场场地管线、地质等条件均需自行调查。工程场地位于沈阳市第六人民医院院内，为保证六院正常运行，不破坏六院原有管线，现场土方施工需格外注意。

3）总平面施工与设计处于同一阶段，前期施工阶段处于无图状态

第六人民医院装配式病房建造项目与4号病房楼改造项目是设计与施工同时接到建设任务。进场施工时，图纸尚处于设计阶段。为了最大限度地推进工程进度，各施工单位全力以赴组织人员、材料、机械进场施工。场地的定位及标高无

标准，现场施工处于无图施工状态。由于六院年代久远，仅寻找到原有手绘设计图纸，且中间经历多次变更后早已与现场实际情况不符，4号病房楼改造工程压力巨大，设计人员与工程人员不得不反复对现场进行勘测研究，在施工过程中不断发现问题并进行修改。

4）各专业同步施工，堆场不足

由于工期十分紧张，各专业施工几乎同步展开，场地有限。从室外工程的土方平整、管网工程及配套设备工程到室内部分集装箱安装、室内装饰装修、室内给水排水、电气及通风工程在短短几天内同时施工。在施工现场有限的狭小施工空间内同时又要布置数台大型施工设备、百余套集装箱材料及配件，现场保证每天运输车辆进出，场地条件需要做好衔接，在有限的场地条件下做好场地布置难度很大。

5）装配式病房与4号负压隔离病房楼改造同步施工，施工场地干扰大

装配式病房施工与4号负压隔离病房楼改造施工项目场地全部位于沈阳市第六人民医院院内，场地狭小，装配式病房施工及4号负压隔离病房楼改造需将大量材料运进现场，在保证现场正常施工的前提下，材料分批、分类堆放工作难度极大。同时4号负压隔离病房楼改造工程将产生大量建筑垃圾，如何在不耽误施工进度的前提下协调不同工程间分工协作，将对整体现场施工提出巨大挑战。

6）短时间大量材料进场，场内外交通组织困难

场内外交通组织是项目建设的生命线。项目处于沈阳市第六人民医院院内，交通道路与医院内部道路相叠，工地来往车辆与医院进出车辆共用一条线路，进出口相同，在疫情关键期间极易造成道路堵塞。

3.总平面管理要素

1）加强沟通

在前期缺少施工图纸的情况下，总平面施工与设计同步进行，加强与设计人员的沟通联系。在进场初期，尽早获得场地范围内相关标高数据及设计意图，场地平整过程中获得可指导现场施工的必要相关数据，在后续施工中保持联系，随时将现场出现的问题跟设计进行反馈并进行调整。

2）深入探查

在总平面设计的同时进行前期深入探查。联合建设单位、设计单位及其他各专业单位共同参与。组建总平面管理小组，明确各专业责任人，对现场各类管线及其他影响现场总平面施工的相关制约因素加以分类，制订问题处理计划，公示处理时间及处理措施，并随时解决阻碍现场施工的各类问题。

3）反馈优化

针对本项目缺少原有建筑设计图纸及场地地质条件复杂、管线走向不明等问题，加强与设计院本项目设计者的沟通，将现场信息及时反馈给设计单位，并根据现场经验提出相关优化建议，为加快整体施工进度创造条件。

4）强化管理

（1）根据本项目特点实施针对性调整，针对各专业同步施工，施工场地互相干扰、堆场不足的情况，将整体项目划分为两个工区项目部，装配式病房工程与4号负压隔离病房楼改造工程同步平行施工。每个工区各专业工序衔接，确保时间满占，空间满占。

（2）针对现场施工道路与第六人民医院院内原有道路重叠、交通组织困难的情况，在总平面规划阶段，充分考虑土方外倒、垃圾清运、材料运输等需求，对现场道路做好充分管理工作，整体规划使用，使道路利用效率最大化。

（3）根据总体施工部署安排，做好各阶段施工总平面布置。将现场各个专业单位负责人纳入总平面管理小组，协调指挥，实时监控现场各堆场利用情况。明确各专业堆场使用时间及范围，确定最后使用期限，实时进行堆场功能转换，使现场堆场周转使用效率最大化。

8.1.2 各施工阶段总平面布置情况

1.场地平整施工阶段总平面布置

项目进场施工的第一阶段就是场地平整，在场地平整阶段共设置西向及东北向两个出口供运输车辆出入。装配式病房楼南段开挖土方及4号负压病房楼拆改建筑垃圾主要由西侧出口进行外排作业，考虑到六院原有建筑设置条件，为防止运输车辆高频次往返作业对医院内部道路造成拥堵，装配式病房楼北段开挖土方由现场东北角出口进行外排分流，以缓解医院内部道路的交通压力。平面布置详见图8-2。

2.临电安装施工阶段总平面布置

三通一平是项目开工建设的基本前提条件，水、电、路三通缺一不可，场地平整、道路通畅后，临时用水用电就是现场最优先需要解决的问题。本应急工程工期紧迫，在不需要大规模施工用水的前提下，施工用水决定采用4号病房楼原有水路作为施工保障。而装配式病房楼房周边无可用施工电源，需从3号病房楼东侧进行施工用电接驳，在装配式病房楼与4号病房楼前分别设置两个一级箱，以满足现场施工用电需求。平面布置详见图8-3。

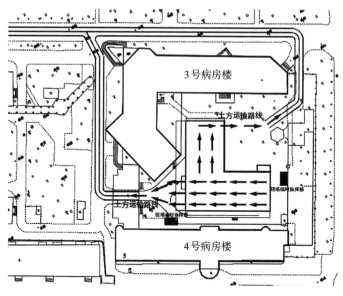

图8-2 场地平整施工阶段平面布置图

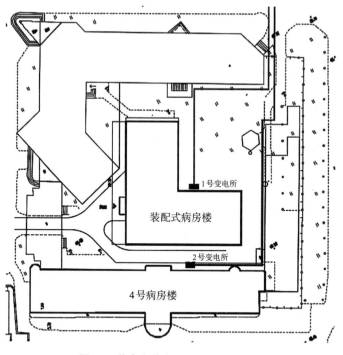

图8-3 临电安装施工阶段平面布置图

3.装配式病房楼与4号病房楼改造主体施工阶段总平面布置

主体施工阶段最制约本应急工程的就是第六人民医院院内狭小拥挤的施工空间。针对本工程安装现场施工工况，现场已没有足够空间进行装配式板房完全拼装和各工序整体穿插的施工条件。项目考虑再三，决定采用预拼装形式，先于场内空地处组织进行各单元拼装，拼装完成后再进行一层、二层的整体拼装，同时整体规划场地各区域的使用工期节点，规范材料码放要求，为各工序合理、快速穿插提供最优化的条件。平面布置详见图8-4。

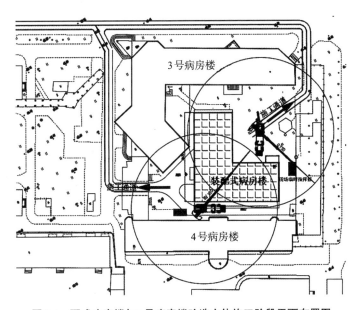

图8-4　配式病房楼与4号病房楼改造主体施工阶段平面布置图

无论装配式病房楼单元还是整体的拼装，抑或是现场各工序施工材料的场内运输码放，吊车都是此次工程必不可少的施工器具。综合考虑本工程吊距、吊重及其他必要的施工要求，项目最终采用了1台100t汽车吊加1台50t汽车吊在场内同时工作的施工方案，同时在场外准备一台100t汽车吊随时待命，以备现场的不时之需。汽车吊吊重分析详见图8-5。

4.配套设施施工阶段总平面布置

配套设施施工与门窗施工同时进行，本工程配套设施种类繁杂，通风空调外机及其基础安装、四通八达的给水排水管线、品类各异的强电弱电线路，以及供暖、桥架、医用门窗更换、消杀隔离传递窗等各项工序所需的各种施工材料，将使本来就狭小的施工场地变得更加拥挤不堪。按时按位置进行高效率周转的各类材料堆场，就是这个阶段的核心议题，也是现场所有施工管理人员心血付出的最为直观的体现方式。配套设施施工阶段平面布置示意图详见图8-6，配套设施施工阶段现场实际情况见图8-7。

幅度（m）	19.2t平衡重　全神支脚360°作业							
	主臂长度（m）							
	12.8	17.4	22	26.5	31	35.5	40	44.5
3	100	80						
4	88	72	62					
5	70	62	56	42	40			
6	57	55	50	42	37.5	31.4		
7	47	49	45	39	34.5	29.3	24.9	
8	40.5	41	40.5	35.5	31.8	27.3	23.4	19.6
9	34.5	35.5	36	32.5	29.5	25.6	22	18.5
10	30	31	30.6	30	27.5	24	20.7	17.5
12		23.5	23.3	24.5	24	21.2	18.5	15.7
14		17.4	17	18.5	19.4	18.8	16.7	14.3
16			12.8	14	14.9	15.5	15.1	13
18			9.7	10.9	11.7	12.3	12.9	11.9
20				8.5	9.3	9.9	10.5	10.7
22				6.6	7.4	8	8.6	8.8
24					5.9	6.5	7.1	7.3
26					4.7	5.3	5.9	6
28						4.6	4.9	5
30						3.4	4	4.1
32							3.3	3.4
34							2.6	2.7
36								1.7
38								
40								
42								
倍率	12	10	8	6	5	4	4	3
最小主臂仰角（°）	20	24	26	27	28	28	29	29
最大主臂仰角（°）	70	76	77	78	80	81	81	81
使用吊钩	100吨吊钩（1017kg）			5.0吨吊钩（505kg）				

适用于本工程安装工况

图8-5　汽车吊吊重分析

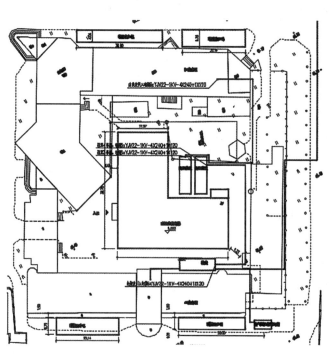

图8-6　配套设施施工阶段平面布置示意图

严寒地区应急医院建设项目工程总承包管理研究

图8-7 配套设施施工阶段现场实际情况

8.2 极端工期计划管理

本项目是为抗击新型冠状病毒感染肺炎疫情，遏制其蔓延并有效治疗感染患者而对原有建筑进行功能性升级、改造的一项工程。工程工期正值春节放假期间，各单位管理人员及作业工人都处于远程返乡过节状态，但本工程情况紧急、工期紧急、任务特殊，物资、设备、劳动力等各项资源组织管理难度巨大。若按照正常工程工期组织施工，装配式病房楼及4号负压隔离病房楼的建造共需要3个月才能完成，但为尽快将病房投入使用，只能将工期压缩至16天以内。为保证工程满足政府及业主对工期、质量、功能等各项要求，项目部通过对设计计划、招标采购计划、进度计划、方案计划的精确管理，将装配式病房楼工期缩短至9天，4号负压隔离病房楼工期缩短至14天。

8.2.1 计划管理难点

（1）需要将全部施工工序安排在较短的时间内，工序穿插的时间点尽可能提前，为其他工序多争取时间。

（2）需梳理出全部施工工序，并依据施工部署、各工序之间的施工关系，组织各参建单位合理交叉作业，以免出现各工序之间相互破坏的情况。

（3）需考虑极端工期所处时期，人、材、机等资源组织的难易程度对于整体计划的影响。

8.2.2 计划管理思路

（1）与工程量相结合的思路。首先明确各分项工程的工程量，然后根据单位工程量完成所需的时间，来计算各分项工程所需工期，确保计划整体的准确性。

（2）精细化管理思路。计划应详细列出每道工序的开始时间、结束时间，并以小时为单位进行编排，确保现场施工严格按照计划进行，发现问题及时纠偏。

（3）与资源相结合的思路。资源采购时间不充裕，需与厂家提前沟通资源进场时间，并结合各工序拟完成的时间节点来进行计划管理。尽量做到资源进场时间先于现场施工时间，以免浪费工期。

（4）合理进行工序穿插的思路。根据施工部署，各分项工程的完成节点以及各工序之间的施工关系，合理安排工序穿插的时间点，确保各单位施工不碰撞，各工序之间不相互破坏，减少成品保护及后续修补投入的时间。

8.2.3 计划管理办法

EPC管理总承包涉及的计划主要包括设计、招标采购、进度、方案四个方面，这四个计划之间并非相互独立，而是具有环环相扣的关系。其中招标采购计划需根据设计计划中体现的施工工艺来编排，进度计划需根据招标采购计划来确定各工序开始的时间点，方案计划的编排应满足进度计划的要求，并且最终都应服务于进度计划，来保证重大工期节点可以如约完成。

1.设计计划

本工程既有的图纸与建筑物实际情况不符，需现场实际考察，并给予设计人员反馈。作为总承包方，派出了两名技术人员主动与设计人员对接，根据设计院给出的设计计划，主动找出设计过程中可能出现的问题，并帮助解决。

为保证出图速度，在第一时间派人进驻设计院，反馈现场信息，更新设计输入条件，同时协助设计师绘制部分节点图，并请设计师确认后，方可作为施工依据。

针对设计计划拟采用的各种做法，由多方单位共同商讨可行性，如有更加简洁、优秀的施工做法，及时与设计师确认，根据情况选择是否对原设计计划进行更改。

现场可用的资源品牌有限，作为总承包单位，针对设计计划中将用到的材料做出统计表，及时联系供应商，了解产品情况。如果供应商产品与设计要求不同，将供应商提供的产品信息反馈给设计师，可以满足使用要求的话，让设计单位立刻修改图纸。

2.招标采购计划

（1）招标采购计划对于需求资源的数量、产品供货时间、产品功能及参数应当进行把控。设计出图之后，立刻组织人员梳理出图纸上所需要的资源，并根据板房与改造病房标准化的特点，结合现场可能用到的施工技术与方法，准确测算出单个单元所需资源数量，进而推算出整体所需资源数量。由于工期较紧，无法等待供货商临时生产，应派专人调查供应商产品储备，是否满足现场需求，同时对于大量产品的同时供应，还应综合考虑物流车辆数量、供应地位置、交通情况及装货卸货的时间，尽量做到资源先到场，避免浪费工期。

（2）应当派专人督促招标采购计划的执行。在资源进场前，直接对接设计人员，了解图纸是否有变更，产品功能是否满足要求，如有变动，及时变更计划。在资源出厂后，全程跟踪，对运输情况全程报告，出现问题立刻沟通解决。资源进场后，组织人员进行盘点，并记录计划完成情况，确保计划正常的推进。

3.进度计划

进度计划主要根据业主所下发的工期节点来制定各分部分项工程的具体完成时间，然后根据此计划来跟踪现场实施进度，发现问题及时提醒纠偏并分析问题产生原因。

1）进度计划的编制

第六人民医院的装配式病房楼计划以及4号负压隔离病房楼改造计划编制时主要从四个方面入手：分项工程施工步骤、工程量、持续时间、工序穿插。

装配式病房楼计划以场平放线→管道预埋→板房拼装→给排水施工→电气施工→通风系统施工→供暖施工为主线，细化出26项主要工序，工序名称如下：

①场地平整；②测量放线；③给排水管道开挖；④管道预留预埋施工；⑤管道回填；⑥板房单元预拼装；⑦安装机电线盒；⑧首层板房拼装、各单元间紧固件连接；⑨二层板房拼装、各单元间紧固件连接；⑩屋面施工；⑪室内楼梯安装；⑫外墙板拼装、门窗安装；⑬内墙板拼装、门窗安装；⑭雨棚安装；⑮外挂楼梯安装；⑯卫生间防水施工；⑰上人坡道施工；⑱板房外围装饰施工；⑲给水排水施工；⑳电力施工；㉑弱电施工；㉒通风与空调施工；㉓供暖施工；㉔设备调试；㉕其他施工（包括门牌、指示牌安装、清理保洁等）；㉖施工收尾、销项。

4号负压隔离病房楼改造计划以墙体开洞→门窗拆除→墙体封堵→门窗安装→设备房间及基础施工→装饰装修施工为主线，期间安排暖通工程、电气工程、给水排水工程平行施工，细化出22项主要工序，工序名称如下：

①门窗洞口开洞；②原有门及门框拆除；③病房南侧原有门窗拆除；④门

改窗洞口封堵与第一遍洞口收平；⑤门窗量尺、定尺；⑥机电管线开洞；⑦密闭门、防火门进场安装封闭；⑧普通门进场安装封闭；⑨传递窗进场安装封闭；⑩南侧病房密闭门、密闭窗进场安装；⑪门窗收边收口；⑫南侧病房密闭门、密闭窗收边收口；⑬新增加墙体砌筑及涉水房间反坎导墙施工；⑭设备房间设备基础施工；⑮一楼淋浴间装饰装修施工；⑯新增墙体装饰装修施工；⑰暖通施工；⑱电气施工；⑲给水排水施工；⑳所有原状破坏二次修补施工；㉑原有门锁死与门窗耐候胶密封；㉒设备调试、开荒保洁。

项目派专人统计图纸上的工程量，并匹配至进度计划中，实现了资源与进度计划的联动。通过样板工程的施工时间及以前工程的经验，推算出各工序的持续时间，确保了进度计划的合理性、可行性。

进度计划的编制充分考虑了通过工序穿插来最大化节约工期。在不影响土建专业施工关键线路的前提下，全面穿插给水排水、电力、弱电与通风系统。具体交叉关系如图8-8、图8-9所示：

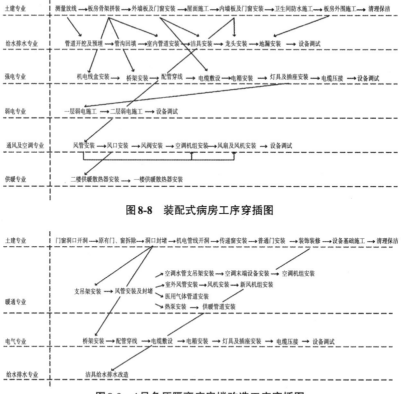

图8-8 装配式病房工序穿插图

图8-9 4号负压隔离病房楼改造工序穿插图

以上述四个方面为总体思路，并在施工过程中不断纠偏，最终形成装配式病房楼及4号负压隔离病房楼的施工进度计划，见表8-1～表8-7：

表 8-1

装配式病房楼进度计划（一）

沈阳市第六人民医院装配式病房楼施工总进度计划

分项工程	开始时间	结束时间	持续时间(h)	工程量
施工准备、资源准备	27日0时	27日6时	6	整个工程
场地平整	27日6时	27日18时	12	1800m²
测量放线	27日6时	28日12时	30	整个工程
传染水管沟开挖	27日6时	28日12时	30	770m²
室内暗沟回填施工	27日18时	28日21时	27	240m³
传染病房管道施工	28日12时	28日24时	12	760m²
整体箱体吊装单元				
安装整体吊装架	28日0时	29日12时	36	
安装挡板桁	28日4时	29日14时	38	150周
安装连接架	28日2时	29日16时	38	
安装挡板面板	28日6时	29日18时	38	
安装机电线盒	28日8时	29日24时	42	
首层装饰架	28日12时	30日12时	48	1380a
云层装饰架拼装、吊单	28日18时	31日6时	60	75周
云层装饰围护连墙	29日12时	31日18时	54	75a
屋面施工	31日6时	1日12时	30	1040m²
室内楼梯安装	31日6时	1日6时	24	2个
外墙幕墙装、门窗安装				
一层施工	30日12时	31日24时	36	708#/70套
二层施工	30日18时	1日6时	36	
内墙幕墙装、门窗安装				
一层施工	31日0时	1日12时	36	2062#/280套
二层施工	31日6时	1日18时	36	6个
屋面安装	1日6时	1日24时	12	6个
外墙连接安装	1日0时	1日24时	24	1个
卫生间单体施工				
一层卫生间防水施工	31日0时	31日24时	24	106周
二层卫生间防水施工	31日6时	1日6时	24	
工人装饰工	31日18时	1日0时	30	7个
设备围护连接工	1日0时	2日12时	36	156a
整体装修及安装				
消防设施安装	30日6时	1日24时	66	500a
洁具安装	1日0时	1日18时	18	8个
龙头	1日6时	2日0时	18	4个
污水管	2日0时	2日18时	18	72个
给水管（防）水施工	1日0时	2日24时	72	70个
热水管（防）水施工	1日6时	2日24时	72	239个
感应龙头、洗、水龙头	2日0时	2日24时	72	72个
排插	2日6时	2日24时	42	72个
	2日6时	2日24时	18	65个

表8-2

沈阳市第六人民医院装配式病房楼施工总进度计划

分类工程	开始时间	结束时间	持续时间(h)	工程量	2020.1.27	2020.1.28	2020.1.29	2020.1.30	2020.1.31	2020.2.1	2020.2.2	2020.2.3
电力施工												
抢修施工	30日8时	31日8时	42	180m								
敷设管线	30日12时	31日12时	36	6000m								
电缆敷设	31日6时	1日6时	30	6000m								
配电箱安装	31日6时	2日6时	36	24个								
串灯安装	1日0时	1日18时	18	200组								
开关插座施工	31日8时		36	660个								
非病房照明灯具安装	31日8时	2日8时	36	154个								
病房照明灯具安装	31日8时	2日8时	36	164个								
应急照明灯具安装	31日8时		36	50个								
给排水施工												
一层给水施工（包括医用给水排出系统）	1日2时	2日2时	36	50周								
二层给水施工（包括医用给水排出系统）	1日8时		36									
通风与空调施工												
风管特种加工生产	30日8时	31日8时	42	530e								
风口安装	1日8时	2日8时	54	530e								
风机、消声器安装	1日8时	2日8时	42	144个								
排风管道安装	2日8时	3日8时	18	180个								
排烟管道安装	2日8时	3日8时	18	26个								
空调机组安装	1日8时	3日8时	24	26个								
			48	906组								
钢结构施工												
一层钢结构吊装安装	2日8时	3日8时	30	140组								
二层钢结构吊装安装	1日12时	2日12时	30									
其他施工（包括门窗、清理、修理等）	3日8时		18	整个工程								
标示安装等、清理	2日8时		36	整个工程								
竣工验收、清理	3日8时	3日18时	18	整个工程								
竣工移交	3日8时	3日14时	6	整个工程								

表 8-3

4号负压隔离病房楼进度计划（一）

施工进度计划

项目名称：沈阳市第六人民医院4号楼改造进度计划

分项工程	开始时间	结束时间	持续时间 小时	工程量
一、门窗洞口开洞	27日8时	29日24时	64	43处门洞
1层门窗洞口开洞	28日8时	29日24时	40	43处门洞
1层淋浴间地面、墙面破除	28日19时	29日10时	14	50㎡
2层门窗洞口开洞	27日8时	28日21时	37	58处门洞
3层门窗洞口开洞	27日8时	28日21时	37	58处门洞
4层门窗洞口开洞	27日8时	28日21时	37	58处门洞
设备机房墙体开洞	29日10时	29日24时	14	20处门洞
二、原有门及门框拆除				
1层原有门及门框拆除	28日8时	28日24时	16	167樘门
2层原有门及门框拆除	27日8时	28日21时	37	
3层原有门及门框拆除	27日8时	28日21时	37	
4层原有门及门框拆除	27日8时	28日21时	37	
三、病房南侧原有门拆除				
1层病房南侧原有门拆除	30日8时	31日8时	24	12樘
2层病房南侧原有门拆除	30日8时	31日24时	40	28樘
3层病房南侧原有门拆除	30日8时	31日24时	40	28樘
4层病房南侧原有门拆除	30日8时	31日24时	40	28樘
四、门、门改窗洞口封堵与第一道洞口收平				
1层门、门改窗洞口封堵与第一道洞口收平	28日14时	30日24时	29	43处门口
2层门、门改窗洞口封堵与第一道洞口收平	28日14时	30日16时	29	58处门口
3层门、门改窗洞口封堵与第一道洞口收平	28日14时	30日24时	29	58处门口
4层门、门改窗洞口封堵与第一道洞口收平	28日14时	30日16时	23	58处门口

第八章 应急医院建设项目总承包施工管理

严寒地区应急医院建设项目工程总承包管理研究

表8-4

4号负压隔离病房楼进度计划（二）

施工进度计划

项目名称：沈阳市第六人民医院4号楼改造进度计划

分项工程	开始时间	结束时间	持续时间 小时	工程量
五、门窗量尺、定尺	29日0时	29日19时	19	217处门窗
六、机电管线开洞				
1层机电管线开洞	28日8时	29日8时	24	178处洞
2层机电管线开洞	29日8时	30日8时	24	124处洞
3层机电管线开洞	30日8时	31日8时	24	94处洞
4层机电管线开洞	30日8时	31日8时	24	80处洞
七、门窗订货与进场时间				
密闭门、防火门进场时间	1日10时	1日10时	2	159樘
普通门进场时间	3日8时	3日10时	2	18樘
传递窗进场时间	1日8时	1日10时	2	48樘
八、南侧病房密闭窗加工、排产时间	1日8时	8日8时		112樘
九、密闭门、密闭窗安装封闭				
密闭门、防火门安装封闭	2日8时	2日24时	16	84樘
3/4层门窗安装封闭	2日16时	3日8时	16	75樘
1/2层门窗安装封闭	3日10时	3日24时	14	18樘
十、普通门进场安装封闭				
十一、传递窗进场安装封闭				
1层传递窗安装封闭	1日12时	1日20时	8	6樘
2层传递窗安装封闭	1日8时	1日18时	10	14樘
3层传递窗安装封闭	1日10时	1日16时	6	14樘
4层传递窗安装封闭	1日8时	1日14时	6	14樘
十二、南侧病房密闭门、密闭窗进场安装	9日8时	10日8时		112樘

表 8-5

4 号负压隔离病房楼进度计划（三）

施工进度计划

项目名称：沈阳市第六人民医院 4 号楼改造进度计划

分项工程	开始时间	结束时间	持续时间 小时	工程量
十二、南隔病房密闭门、密闭窗场安装	9日8时	10日8时		112樘
十三、门窗收边收口场安装				
1层门窗收边收口	1日11时	2日24时	24	37樘
2层门窗收边收口	2日0时	2日24时	24	47樘
3层门窗收边收口	1日20时	2日24时	28	46樘
4层门窗收边收口	1日16时	2日24时	32	46樘
十四、南侧病房密闭门、密闭窗收边收口	10日8时	12日8时	2天	112樘
十五、新增加墙体砌筑及沙石房间反坎导墙施工				
1层墙体砌筑及沙石房间反坎导墙施工	28日18时	30日18时	54	15m³
2层墙体砌筑及沙石房间反坎导墙施工	28日18时	30日16时	46	22m³
3层墙体砌筑及沙石房间反坎导墙施工	28日18时	30日16时	46	22m³
4层墙体砌筑及沙石房间反坎导墙施工	28日18时	30日16时	46	22m³
十六、设备房间设备基础施工				
1层设备房间基础施工	30日18时	31日14时	20	4m³
2层设备房间基础施工	30日18时	31日12时	18	7m³
3层设备房间基础施工	30日18时	31日10时	16	6m³
4层设备房间基础施工	30日18时	31日8时	14	7m³
十七、一楼淋浴间设备间装修施工				
地面建筑构造施工	29日7时	1日24时	41	30m²
墙面建筑构造施工	29日8时	1日24时	47	20m²
轻质隔断安装	2日11时	2日24时	13	35m²
洁具机电管线安装	2日11时	2日24时	13	60m
灯具照明安装	3日1时	3日24时	23	20个

进度横道图日期刻度：27 28 29 30 31 1 2 3 4 5 6 7 8（每日分 8时、16时、24时）

严寒地区应急医院建设项目工程总承包管理研究

4号负压隔离病房楼进度计划（四）　　　　表 8-6

施工进度计划

项目名称：沈阳市第六人民医院4号楼改造进度计划

分项工程	开始时间	结束时间	持续时间小时	工程量	27 8时	16时	24时	28 8时	16时	24时	29 8时	16时	24时	30 8时	16时	24时	31 8时	16时	24时	1 8时	16时	24时	2 8时	16时	24时	3 8时	16时	24时	4 8时	16时	24时	5 8时	16时	24时	6	7	8
十八、新增墙体装饰装修施工																																					
1层墙体装饰装修施工	1日7时	2日24时	41	250㎡																																			
2层墙体装饰装修施工	1日7时	2日16时	33	400㎡																																			
3层墙体装饰装修施工	1日7时	2日10时	27	400㎡																																			
4层墙体装饰装修施工	1日7时	2日8时	25	400㎡																																			
十九、暖通工程																																					
风管开洞	28日6时	29日7时	25																																		
风管预制加工排产	28日18时	3日18时	144																																		
风管支吊架安装	28日18时	3日18时	144																																		
风管道安装	28日20时	4日20时	168																																		
风管收边收口封堵	2日0时	5日24时	48																																		
室外风管安装固定	30日0时	3日24时	144																																		
空调水材料进场	30日0时	30日7时	7																																		
空调水管支吊架安装	30日7时	1日7时	48																																		
空调末端设备安装	1日7时	1日24时	17																																		
医用气体管道安装	30日8时	2日9时	73																																		
风机安装	1日6时	2日24时	42																																		
空调机组安装	1日6时	2日24时	42																																		
热泵安装	30日8时	31日8时	24																																		
供暖管道安装	31日8时	2日8时	48																																		
新风机组进场时间	4日8时	4日8时	8																																		
新风机组安装外墙体拆除时间	4日8时	4日24时	16																																		
新风机组设备安装	5日0时	7日0时	48																																		
外墙体砌筑+装修恢复施工	7日0时	8日24时	48																																		

表 8-7

4号负压隔离病房楼进度计划（五）

施工进度计划

项目名称：沈阳市第六人民医院4号楼改造进度计划

分部工程	开始时间	结束时间	持续时间/小时	工程量
二十、电气工程				
桥架安装	29日13时	1日24时	83	
配管穿线	1日6时	3日24时	66	
电缆敷设	3日0时	5日6时	48	
配电箱安装	2号6时	5号6时	72	
电缆压接	5号6时	5号24时	18	
开关、插座安装	5号6时	5号24时	18	
灯具安装	5号6时	5号24时	18	
设备接线调制	5号6时	5号24时	18	
设备接地	5号6时	5号24时	18	
二十一、给排水工程				
洁具给排水管线材料进场	3日18时	4日0时	6	
洁具给排水改造	4日0时	5日24时	48	
二十二、所有原状破坏二次修补收边口施工	3日0时	5日24时	72	250m²
1层原状破坏二次修补收边口	3日0时	5日24时	72	400m²
2层原状破坏二次修补收边口	3日0时	5日24时	72	400m²
3层原状破坏二次修补收边口	3日0时	5日24时	72	400m²
二十三、原有门锁死与门窗耐候胶密封	3日0时	5日24时	72	59个
1层原有门锁死与门窗耐候胶密封	3日0时	5日24时	72	96樘
2层原有门锁死与门窗耐候胶密封	3日0时	5日24时	72	96樘
3层原有门锁死与门窗耐候胶密封	3日0时	5日24时	72	96樘
4层原有门锁死与门窗耐候胶密封	3日0时	5日24时	72	96樘
二十四、设备调试、开荒保洁	2日0时	5日24时	96	4912m²

2）进度计划的跟踪

通过每日日报、每日例会等形式对进度完成情况，重大节点完成情况，资源进场情况进行分析对比，落后于进度计划的项目逐一列项，分析落后原因并探讨解决措施。对于严重滞后的项目，首先要考虑进度计划的合理性，如果进度计划不合理，需要调整进度计划，以免对后续工艺预期完成节点产生较大影响。对于因现场其他因素导致的滞后现象，需采取额外的措施来抢工，以此来对溢出的工期进行补偿，保证最终节点可以按时完成。

4.方案计划

为指导现场施工，且不影响施工工期，应根据设计图纸中涉及的各工序及其施工方法编制方案计划（表8-8、表8-9）。根据进度计划中各工序的先后施工顺序及施工开始时间节点，编排方案完成时间，同时还需预留方案经过各方审批及修改所用到的时间。极端工期的项目，应主要先完成影响现场施工的方案，每个方案尽量由擅长该领域的人员撰写，尽可能组织多人同时编写多个方案，方案的编写应因地制宜，综合考虑当前环境条件，减少外界因素对施工的影响。

装配式病房楼方案编制计划表　　　　　　　　　　　表8-8

序号	方案名称	计划编制时间	备注
1	施工组织设计	2020.1.28	
2	卫生防疫方案	2020.1.28	
3	成品保护方案	2020.1.28	
4	垃圾清运方案	2020.1.29	
5	抢工方案	2020.1.29	
6	清理保洁施工方案	2020.1.31	

4号负压隔离病房楼方案编制计划表　　　　　　　　表8-9

序号	方案名称	计划编制时间	备注
1	卫生防疫方案	2020.1.28	
2	成品保护方案	2020.1.28	
3	抢工方案	2020.1.28	
4	设备吊装施工方案	2020.1.28	
5	垃圾清运方案	2020.1.29	
6	机电拆改措施方案	2020.1.29	
7	医用门窗更换方案	2020.1.29	
8	室外风管拆改方案	2020.1.30	
9	内墙漆施工方案	2020.1.30	
10	清理保洁施工方案	2020.1.31	

8.2.4 工期管理措施

（1）分级管理。按照分保时、时保日、日保周的原则，通过关键分项工程保其他分项工程，分项工程保分部工程，分部工程保单位工程，单位工程保整体计划的分级管理，进行分级控制。

（2）建立现场工程例会制度。每日召开两次工程例会，加强信息反馈，对当日的工作完成进度进行总结，并与进度计划进行对比，找出工期拖后的原因并采取补救措施，通过计划滚动过程中的及时纠偏，保证了重大节点可以按期完成。

（3）采用三班倒制度。为保障施工工期，采用三班倒24小时不间断施工作业方式进行施工。第一班作业时间段为8:00～16:00，第二班作业时间段为16:00～0:00，第三班作业时间段为0:00～8:00，必要时可增加施工人员。

（4）尽可能采用成品构件，装配式作业。本工程采用了装配式病房楼设计，使用成品过梁，构件全部在工厂制作完成，运送至现场即可进行安装，免去了现场制作所需的大量时间。

8.3 资源配置

8.3.1 人力资源配置

1. 项目管理人员配置

1）管理人员选用

接到命令后，中建二局坚决贯彻落实沈阳市政府总指挥部的决策部署，统筹全公司各方面力量，组织精干队伍驰援沈阳市第六人民医院隔离病房新建及改建一期项目。时间紧、任务重，为了能够立即投入生产，公司迫切需要组织一批熟悉当地环境的高素质、高水平、意志坚定、心理素质过硬的管理人员，因此优先从沈阳当地项目抽调管理人员加入沈阳市第六人民医院隔离病房新建及改建一期项目。同时根据项目的特殊性质，公司人力资源部门从公司专业人才库中选择箱式板房建造、房屋改造、机电工程、设备安装等相关专业工程师急赴沈阳支援项目建设。

2）项目管理组织架构

中建二局北方公司成立以董事长为总指挥、公司总经理为执行总指挥、公司生产副总经理为副总指挥、公司总工程师为项目技术负责人的管理团队，保证工程满足政府及业主工期、质量、功能等各项要求（图8-10）。

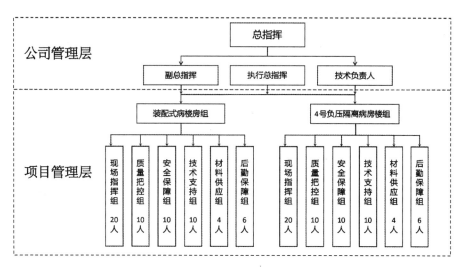

图 8-10　项目组织机构图

注：图中各小组人数均为一班的人数，各组均有白、夜两班轮替参与项目施工

白班时间：8:00～20:00；夜班时间：20:00～次日8:00

现场共配备120名现场和后勤管理人员，实行12小时工作制，两班倒24小时不间断组织施工，保证现场管理人员时刻在岗。在指挥部总体组织架构下，项目内部设置现场指挥组、质量把控组、安全保障组、技术支持组、材料供应组、后勤保障组，各小组密切配合，形成全面、完善的现场施工管理机制。

2. 劳动力配置

项目部根据工程体量和施工作业难度分别对装配式病房楼和4号负压隔离病房进行作业人员配置。考虑到冬季施工和夜间降效因素，公司组织大量管理人员和劳务人员，劳务人员采用三班倒的工作方式进行施工作业，24小时不间断施工。施工作业人员数量可结合抢工实情进行增加，如有需要可采取劳务市场紧急增加劳动力方式进行抢工突击施工。

1）装配式病房楼建设工程劳动力配置

根据工期安排，项目部计划白班的前后两个班和夜班劳务工人人数需求分别为203人、203人、233人，共计639人。施工过程中，现场管理人员每天定时盘点次日计划使用工种及人数并及时上报，资源管理部门根据现场实际需求联系劳动力资源，保障现场有充足劳动力。具体劳动力计划及分工见后表所示。

白班第一班次施工作业时间段为8:00～16:00，具体劳动力计划见表8-10：

装配式病房楼工程白班第一班作业人员配置　　　　表8-10

工种＼日期	1.27	1.28	1.29	1.30	1.31	2.1	2.2	2.3
力工	30	60	60	60	60	60	60	30
板房安装工	0	40	80	80	80	80	30	30
板房电工	0	10	20	20	20	20	20	20
电气工	2	40	40	40	60	60	30	30
水暖工	2	30	30	30	60	60	60	60
配管工	0	5	5	5	5	5	5	5
吊车司机	0	4	4	4	4	4	4	4
测量员	4	4	4	4	4	4	4	4
保洁工	2	5	5	5	10	10	20	20
总计	40	198	248	248	303	303	233	203

　　白班第二班次劳动力计划同白班第一次班次人数一样，施工作业时间段为16：00～24：00，具体劳动力计划见表8-11：

装配式病房楼工程白班第二班作业人员配置　　　　表8-11

工种＼日期	1.27	1.28	1.29	1.30	1.31	2.1	2.2	2.3
力工	30	60	60	60	60	60	60	30
板房安装工	0	40	80	80	80	80	30	30
板房电工	0	10	20	20	20	20	20	20
电气工	2	40	40	40	60	60	30	30
水暖工	2	30	30	30	60	60	60	60
配管工	0	5	5	5	5	5	5	5
吊车司机	0	4	4	4	4	4	4	4
测量员	4	4	4	4	4	4	4	4
保洁工	2	5	5	5	10	10	20	20
总计	40	198	248	248	303	303	233	203

　　由于冬季施工和夜间降效因素，晚上劳务人员施工的效率仅为白天的60%～80%，夜间施工作业时间段为00：00～8：00，具体劳动力计划见表8-12：

日期\工种	1.27	1.28	1.29	1.30	1.31	2.1	2.2	2.3
力工	35	70	70	70	70	70	70	35
板房安装工	0	50	100	100	100	100	30	35
板房电工	0	15	25	25	25	25	25	25
电气工	2	50	50	50	60	60	30	35
水暖工	2	35	35	35	70	70	70	70
配管工	0	10	10	10	10	10	5	5
吊车司机	0	4	4	4	4	4	4	4
测量员	4	4	4	4	4	4	4	4
保洁工	2	5	5	5	10	10	20	20
总计	45	243	303	303	353	353	258	233

2)4号负压病房改造工程劳动力配置

根据工期安排,项目部计划白班的前后两个班和夜班劳务工人人数需求分别为218人、218人、233人,共计669人,具体劳动力计划及分工见后表所示。

白班第一班次施工作业时间段为8:00～16:00,具体劳动力计划见表8-13:

4号负压病房改造工程白班第一班作业人员配置 表8-13

日期\工种	1.27	1.28	1.29	1.30	1.31	2.1	2.2	2.3	2.4	2.5	2.6	2.7	2.8	2.9	2.10
力工	30	50	80	80	50	80	80	80	50	50	50	50	20	20	20
瓦工	0	20	20	40	60	60	60	60	60	60	60	60	60	60	60
电气工	25	20	20	20	20	20	20	20	80	80	80	80	80	30	30
水暖工	15	20	20	20	20	20	20	20	80	80	80	80	80	60	60
电镐工	5	10	15	15	15	5	5	5	5	5	5	5	5	0	0
吊车司机	0	2	2	2	2	2	2	2	2	2	2	2	2	2	2
木工	0	0	2	2	2	2	2	2	2	2	2	2	0	0	0
抹灰工	0	5	5	5	5	5	10	10	10	10	10	10	10	10	10
大白工	0	0	4	4	8	8	8	2	2	2	2	2	2	2	2
测量员	2	4	4	4	4	4	4	4	4	4	4	4	4	4	4
保洁工	2	5	5	5	10	10	20	20	10	10	10	10	30	30	30
总计	79	136	173	197	192	216	231	231	305	295	305	305	293	218	218

白班第二班次劳动力计划同白班第一次班次人数一样,施工作业时间段为16:00～24:00,具体劳动力计划见表8-14:

4号负压病房改造工程白班第二班作业人员配置　　　　表8-14

工种＼日期	1.27	1.28	1.29	1.30	1.31	2.1	2.2	2.3	2.4	2.5	2.6	2.7	2.8	2.9	2.10
力工	30	50	80	80	50	80	80	80	50	50	50	50	20	20	20
瓦工	0	20	20	40	60	60	60	60	60	60	60	60	60	60	60
电气工	25	20	20	20	20	20	20	20	80	80	80	80	80	30	30
水暖工	15	20	20	20	20	20	20	20	80	80	80	80	80	60	60
电镐工	5	10	15	15	15	5	5	5	5	5	5	5	5	0	0
吊车司机	0	2	2	2	2	2	2	2	2	2	2	2	2	2	2
木工	0	0	2	2	2	2	2	2	2	2	2	2	0	0	0
抹灰工	0	5	5	5	5	5	10	10	10	10	10	10	10	10	10
大白工	0	0	0	4	4	8	8	8	2	2	2	2	2	2	2
测量员	2	4	4	4	4	4	4	4	4	4	4	4	4	4	4
保洁工	2	5	5	5	10	10	20	20	10	10	10	10	30	30	30
总计	79	136	173	197	192	216	231	231	305	295	305	305	293	218	218

由于冬季施工和夜间降效因素，晚上劳务人员施工的效率仅为白天的60%～80%，夜间施工作业时间段为00:00～8:00，具体劳动力计划见表8-15：

4号负压病房改造工程夜班作业人员配置　　　　表8-15

工种＼日期	1.27	1.28	1.29	1.30	1.31	2.1	2.2	2.3	2.4	2.5	2.6	2.7	2.8	2.9	2.10
力工	35	60	100	100	100	100	100	100	60	60	60	60	25	25	25
瓦工	0	25	25	50	70	70	70	70	70	70	70	70	70	70	70
电气工	25	25	25	20	20	25	25	25	100	100	100	100	100	35	35
水暖工	20	25	25	25	25	25	25	25	100	100	100	100	100	60	60
电镐工	5	15	20	20	20	10	10	6	6	6	6	6	6	0	0
吊车司机	0	2	2	2	2	2	2	2	2	2	2	2	2	2	2
木工	0	0	2	2	2	2	2	2	2	2	2	2	0	0	0
抹灰工	0	5	5	5	5	5	5	5	5	5	5	5	5	5	5
大白工	0	0	0	4	4	8	8	8	2	2	2	2	2	2	2
测量员	2	4	4	4	4	4	4	4	4	4	4	4	4	4	4
保洁工	2	5	5	5	10	10	20	20	10	10	10	10	30	30	30
总计	89	166	213	237	267	261	271	267	361	351	361	361	344	233	233

3.劳动力管理措施

1）入场及实名制管理

设置专人负责进场人员实名制登记，专人负责办理施工特别通行证。严格限制人员进出场，将特别通行证作为进出场唯一凭证，规避流动传染风险。进场人员凭特别通行证统一领取防护用品与日常用品，做到物资精准投放。

2）后勤保障管理

劳力用工进场即高峰，现场有近千人同时作业，时刻面临高强度劳动和高压管理，身体和心理双重消耗，妥善解决好所有参建人员的衣食住行是工程顺利交付的必要条件。"兵马未动，辎重先行"，只有妥善解决了后勤保障问题，消除参建人员的后顾之忧，才能最大限度保证战斗力。

后勤保障从现场和后台两个方面入手，全方位提供后勤保障。后台负责组织现场工人所需物资，如食品、劳保用品、防疫物资、药品等；前台负责盘点现场物资需求，组织物资进场，为工人现场施工提供后勤保障。

3）人员退场管理

根据疫情防控部署，待工程完工后组织工友进行集中医学观察，观察结束无异常情况之后，公司采取"点对点"式服务，包车组织工人陆续返乡。针对隔离期间没有收入的情况，公司给予所有返乡的劳务人员每人补助1000元，让工人在家自行做好14天的隔离工作。

8.3.2 分包分供资源配置

1.分包配置

工程施工处于特殊时间，外加极度恶劣的外部环境，各地区的封城封路，导致劳务人员及设备组织进场异常困难，种种因素导致人工费约为平时的3倍，且较为分散，平时一家劳务公司可完成人员的组织工作，特殊时期需4家甚至更多劳务公司进行人员组织才可满足现场施工。项目部综合地域、人力资源等各方面因素最终选定13家分包单位（表8-16），其中6家为劳务分包单位，7家为专业分包单位。

表8-16

分包资源配置表

序号	分包类别	分包专业	分包名称
1	劳务分包	主体/二次结构劳务分包	大连成安伟业建筑劳务有限公司
2			沈阳金兴建筑劳务有限公司
3			大连新远建筑劳务有限公司

序号	分包类别	分包专业	分包名称
4	劳务分包	主体/二次结构劳务分包	大连洪川建筑劳务有限公司
5			吉林省中盛劳务有限公司
6			河北国润劳务派遣有限公司
7	专业分包	机电分包	天津杰作建筑工程有限公司
8			沈阳固多金建设工程有限公司
9			邯郸市兴辰建筑安装有限公司
10		钢结构	沈阳旭金钢结构工程有限公司
11		密闭门	辽宁洁斐尔空气净化设备有限公司
12		传递窗	佛山市中境净化设备有限公司
13		洁具	沈阳固多金建设工程有限公司
14		丙纶防水	辽宁禹王防水工程有限公司

2.分供配置

1）材料供应

项目从2020年1月25日（正月初一）接到命令开始进行资源准备，时间紧迫、物资需求量大，加之工期正值春节假期，同时因疫情导致的道路封锁、人员限流，绝大多数材料供应商处在无物资库存、无组织生产、无施工人员、无物流运输的状态之下，现场主要涉及的装配式板房、机电设备、建筑主材、五金材料等物资极为匮乏。由于资源稀缺，各类物资的市场价格远高于平时，但考虑到本项目承担的特殊使命，项目在招标采购过程中已经无法考虑实际价格，询到合适的资源后只能不计成本先行订购，一刻也不能耽搁。

2）设备供应

密闭门、密闭窗、传递窗、供氧系统、设备带等医院专用的设备，普通厂家无相应资质和生产能力，符合条件的厂家均需先行全额支付工程款才可发货，资源整合难度空前；分供资源配置表见表8-17：

分供资源配置表　　　　　表8-17

序号	分供类别	分包专业	分包名称
1	建设材料	零星材料	吉林中盛劳务有限公司
2			慧翔（辽宁）建筑工程有限公司
3		砂石	沈阳市金鹏物资经销处
4		蒸压加气混凝土砌块	沈阳碧磊建筑材料厂
5	装饰装修材料	涂料	广州亮豹涂料科技有限公司

序号	分供类别	分包专业	分包名称
6	装饰装修材料	吊顶、隔墙	辽宁乾顺建设工程有限公司
7		地砖、墙砖	辽宁乾顺建设工程有限公司
8	机械	零星机械	沈阳市铁西区柏鑫垚机械设备租赁站
9			辽宁天恒建筑工程有限公司
10	机电设备	排风、新风机系统	沈阳固多金建设工程有限公司
11		电气	邯郸市兴辰建筑安装有限公司
12		源热泵	美的集团有限公司
13		配电柜	沈阳固多金建设工程有限公司
14	电线、电缆	电线电缆	沈阳弘克双兴电线电缆有限公司
15			辽宁亿芯电线电缆制造有限公司
16	门	普通门	沈阳丹利防火门窗工程有限公司
17	视频监控	综合布线	沈阳森松原科技有限公司
18	保洁	保洁	朝阳安隆建筑劳务有限公司
19			辽宁乾顺建设工程有限公司

8.3.3 物资机具资源配置

1.物资管理措施

1）建立物资管理机制

确立了物资收发的工作体系。物资收料、领料是必不可少的过程，为交接明确、账务清晰夯实了基础。现场材料员分为工区材料员和分类资源材料员两个维度进行统一管理，实行早晚交接班制度，保证了材料进出场信息及时传递至工区并精准投放，现场工区材料需求也能够及时反馈并调整落实。

明确日清日结和准确交接的底线。为避免材料进场单据及其他信息滞留时间过长，规定每天交接前必须将经手的物资信息反馈至后台账务人员，形成材料进场准确清晰的台账。特别是集成箱房进场，其构配件包括主要的上下框、墙板、立柱以及多达20余种的零星材料，加之多家供应商同时进场，材料进场信息极易混淆，通过日清日结和准确交接确保了出现问题时及时暴露及时消化，保障了项目的正常运行。

保留灵活操作空间。由于抢工、交叉作业多等因素，实际材料浪费也比一般项目大。现场配备专业的物资管理团队，对确需响应的物资及时跟进，只要联系到了资源，就立即补充库存，杜绝工人等料的情况出现。

2）现场物资收纳

现场配置8名材料员，24小时两班倒作业，做好料场整理、提料工作，现场需要提料时提料人签字并做好记录，实时更新提料台账，每天更新库房各类物资库存，根据现场使用情况和库存及时补充。

3）设置AB角工作制度

针对招标采购组、现场组设置AB角，A角为小组负责人，对工作负主要责任，主要协调各类物资进场；B角为小组成员，如招采员、库管、材料员，对工作负次要责任，主要落实各类材料收发、统计对账以及结算工作。

2.防疫防护物资准备

沈阳地区冬季气候寒冷，根据中央气象台天气预报，沈阳1月26日～2月10日白天平均气温约为-3℃，夜间平均气温约为-20℃，极其寒冷，给现场施工造成很大阻力。加之当时疫情严峻，为了更好地保证劳务人员的正常作业和身体健康，公司提前为管理人员及劳务人员购买了防疫防护物资和饮用水。

现场具体防疫防护物资准备情况见表8-18：

防疫保温物资计划表　　　　　　　　　　　　　　　表8-18

序号	物资名称	数量	用途	备注
1	安全帽	1200顶	安全防护	黄色100C
2	安全带	30套	安全防护	五点缓冲式
3	反光马甲	1200套	安全防护	
4	棉衣	1200套	用于防寒保暖	管理人员及劳务人员每人一件
5	棉裤	1200套	用于防寒保暖	管理人员及劳务人员每人一条
6	棉手套	1200双	用于防寒保暖	管理人员及劳务人员每人一双
7	棉帽	1200个	用于防寒保暖	管理人员及劳务人员每人一个
8	棉鞋	1200双	用于防寒保暖	管理人员及劳务人员每人一双
9	体温枪	20支	用于体温测量	每天进出酒店测量一次
10	体温枪	20支	用于体温测量	每天进出酒店测量一次
11	N95型医用口罩	30000只	用于疫情防护	口罩每隔4小时进行更换一次
12	75%乙醇消毒液	100瓶	用于手和皮肤消毒	日需求518ml/100m²
13	护目镜	1200副	用于疫情防护	管理人员及劳务人员每人一只
14	84消毒液	100瓶	客房每天3次，施工现场每3小时1次	500ml/瓶
15	轻型喷壶（2L）	20个	用于人员及酒店客房消毒	酒店客房每层一个
16	背式喷壶（16L）	20个	用于施工现场消毒	

序号	物资名称	数量	用途	备注
17	免洗洗手液	200瓶	用于杀菌、消毒，全部人次每2小时1次	500ml/瓶
18	硫磺香皂	200只	用于人员洗手	客房每间2块
19	饮用纯净水	1500件	用于现场管理人员及工人补水	24瓶/件，管理人员及工人4瓶/人·天

3.施工物资准备

由于本工程的特殊情况，材料价格和运费均有一定幅度增加。又因场地狭小，施工工序衔接要求极高，无法采用集中配货方式用大型挂车进行统一运输，故需采取零星运输方式用6m板车进行"小分量高频次"的材料运输，经项目部有效协调，材料进场有条不紊，以保障现场大面积施工的正常进行。

本项目主要施工物资需求见表8-19：

主要施工物资计划表

表8-19

序号	材料名称	数量	型号规格	用途	进场时间
1	中粗砂	500m³		用于管沟敷设及抹灰	2020.1.27
2	工字钢	1100m	20号A工字钢	用于集装箱式板房基础	2020.1.27
3	花纹钢板	250m²	8mm厚	用于集装箱式板房基础	2020.1.27
4	槽钢	450m	20号	用于集装箱式板房基础	2020.1.27
5	角钢	420m	40mm×40mm×4mm	用于集装箱式板房基础	2020.1.27
6	垫板	3600块	200mm×300mm×10mm	用于集装箱式板房基础	2020.1.27
7	阻燃岩棉被	100套	3m×5m（50mm厚）	用于地面防护	2020.1.27
8	模板	300张	915mm×1830mm×15mm	用于楼梯防护	2020.1.27
9	集装箱板房	2个	3m×6m	管理人员临时指挥部	2020.1.27
10	烧结页岩砖	30000匹		用于墙体砌筑	2020.1.28
11	水泥	100T	P.O42.5	用于砌筑砂浆	2020.1.28
12	预制过梁	450根	1200mm×120mm×120mm	用于门窗洞口过梁施工	2020.1.28
13	预制过梁	100根	2100mm×120mm×120mm	用于门窗洞口过梁施工	2020.1.28
14	预制过梁	180根	2100mm×230mm×110mm	空调外机基础	2020.1.28
15	岩棉	15m³	满足防火要求	封边施工	2020.1.28
16	耐候胶	30瓶	333ml/瓶	封边施工	2020.1.28
17	铝单板	150m²	2.5mm厚	封边施工	2020.1.28
18	安全隔离带	800m		防护	2020.1.28

序号	材料名称	数量	型号规格	用途	进场时间
19	花纹钢板	250m²	8mm厚	坡道施工	2020.1.28
20	PE管	/	DN80	给排水管线	2020.1.28
21	PE管	/	DN200	给排水管线	2020.1.28
22	橡塑棉	/	100mm厚	给排水管线	2020.1.28
23	电缆	1000m	185	临电	2020.1.28
24	一级箱	2个		临电	2020.1.28
25	暖气片	20组	松下 DS-U2221CW	临时取暖	2020.1.28
26	发泡	300瓶	顶泰750ml	收口	2020.1.28
27	厨宝	18	中高端	洁具	2020.1.28
28	热水器	2	中高端	洁具	2020.1.28
29	马桶	54	中高端	洁具	2020.1.28
30	洗手盆	68	中高端	洁具	2020.1.28
31	取暖器	108	1.5kW	取暖	2020.1.28
32	空调	90套	悬挂式、柜式	板房配套	2020.1.28
33	LED灯带	420m	鲁邦照明	临时照明	2020.1.28
34	LED灯	12	200W	临时照明	2020.1.28
35	灭火器箱	30个		消防使用	2020.1.28
36	灭火器	120个			2020.1.28
37	自攻钉	若干			2020.1.28

4.施工机具准备

为保证施工顺利进行，所有机械设备均为24小时连续进行抢工作业。

本工程主要投入的施工机具详见表8-20：

拟投入机械设备计划表　　　　　　表8-20

序号	机械设备名称	来源	规格型号	数量	进场时间	用途
1	汽车吊	租赁	80t	2台	2020.1.27	抢工阶段现场垂直运输
2	汽车吊	租赁	25t	1台	2020.1.27	协助板房单元拼装
3	随车吊	租赁	12t	1台	2020.1.27	配合进行材料场内倒运
4	挖土机	租赁	SK250	2台	2020.1.27	给水排水管沟开挖、回填、压实
5	挖土机	租赁	70	3台	2020.1.27	给水排水管沟开挖、回填、压实

序号	机械设备名称	来源	规格型号	数量	进场时间	用途
6	铲车	租赁	50	2台	2020.1.27	土方开挖、场地平整、材料倒运
7	运土车	租赁	斯太尔I自卸汽车6×4	8辆	2020.1.27	拉运建筑垃圾（24小时作业）
8	叉车	租赁		1台	2020.1.27	现场材料转运
9	打夯机	自购				
10	手提式砂轮机	自购	Φ125×20×20	30台	2020.1.27	板房的拼装打磨
11	扭矩扳手	自购	500-750kN	30把	2020.1.27	板房安装
12	电镐	自购	中号	50把	2020.1.27	墙体及洞口的剔槽
13	冲击钻	自购	DX1-250A	30把	2020.1.27	墙体及洞口的剔槽
14	手持水钻	自购		10把	2020.1.27	墙体及洞口的剔槽
15	铁锹	自购		50把	2020.1.27	铲运建筑垃圾
16	大锤	自购	14磅	60把	2020.1.27	墙体和洞口拆除
17	大灰槽	自购	0.3m³	8个	2020.1.27	倒运砂浆
18	扫帚	自购		50把	2020.1.27	现场卫生打扫
19	电焊机	自购	BX1-500	10台	2020.1.27	配合板房安装
20	手推车	自购		15辆	2020.1.27	转运材料及建筑垃圾
21	大角磨机	自购		15个	2020.1.27	板房拼装打磨
22	污水泵	自购	1.5kW	2台	2020.1.27	
23	钢尺	自购	100m长	10把	2020.1.27	板房安装使用
24	钢卷尺	自购	5m长	100把	2020.1.27	板房安装及墙体拆改
25	空气源热泵	自购		14台	2020.1.27	
26	撬棍	自购		30个	2020.1.27	板房安装
27	镝灯	自购		30个	2020.1.27	用于施工照明
28	打印机	自购		1台	2020.1.27	现场办公的资料打印
29	大LED灯	自购	200W	10个	2020.1.27	现场施工照明
30	灭火器箱	自购		30个	2020.1.27	用于现场消防
31	灭火器	自购	4kg	120个	2020.1.27	用于现场消防

8.4 主要施工方案

8.4.1 土建施工方案

8.4.1.1 装配式隔离病房钢梁基础施工方案

1.基础选型

由于沈阳冬季气温过低（工期内夜间平均气温-20℃），同时工期异常紧张，常规的钢筋混凝土基础强度上涨缓慢不能及时满足基础最低强度要求，因此采用预制基础形式进行施工。经过设计核算确认，选用20号A工字钢可以满足板房基础的强度要求。

整体装配式病房建于六院院内原停车场区域，有原始沥青混凝土硬化路面方便工字钢直接定位敷设。但是地面整体标高偏差较大，最大高差360mm，采用工字钢作为板房基础无法调平高差。经讨论最终决定采用工字钢+钢板垫片的形式进行铺垫、找平，采用红外线激光找平仪进行调平，调整完成后工字钢与工字钢、钢板垫片间采用焊接方式进行加固。

2.技术准备

1）测量放线

由控制点进行板房的中心线和位置线的放线：首先用经纬仪引测建筑物的边轴线，并以该轴线为起点，测出每条轴线，确定基础位置。同时，由于原场地地面有较大的高差，在管沟回填、场地完成平整之后，需要进行场地标高的测量并建立方格网（图8-11），明确场地标高分布。

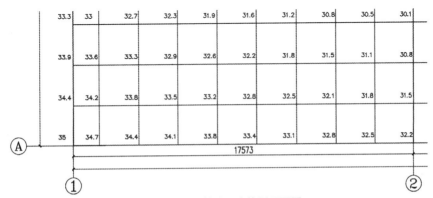

图8-11 局部轴线及方格网平面图

2）图纸深化

根据场地标高方格网对板房基础图纸进行深化设计，铺垫完工字钢之后，确定工字钢顶部标高与基础设计标高的高差，从而量化每根工字钢上需要加装的钢板垫片数量。

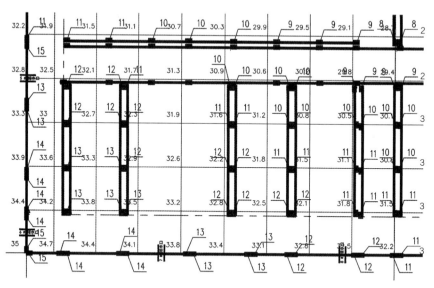

图8-12 装配式隔离病房局部基础图

装配式隔离病房局部基础图见图8-12，图中粗直线为20号A工字钢，单根长度6m；

小矩形块为钢板垫片，单块尺寸300mm×200mm×10mm，垫片上标注为垫片数量（图8-13）；

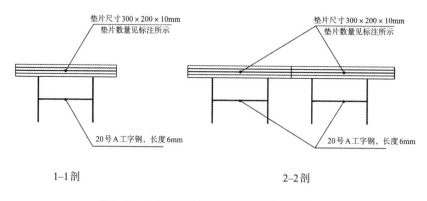

图8-13 工字钢+钢板垫片基础剖面示意图

3）平面布置

根据建筑物的定位以及各材料设备重量，同时考虑现场实际的情况，在场地内部合理布置汽车吊，确定选型和站位以及各材料堆场的位置和大小（图8-14）。

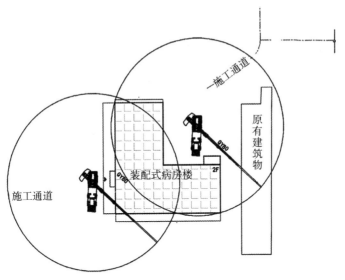

图8-14　板房安装汽车吊站位图

3.施工流程

基础定位→钢梁吊装→加装垫片→板房安装（不做描述）→基础封边

1）基础定位

根据已经放出的轴线精确定位并用白灰撒出基础位置。

2）钢梁吊装

用汽车吊把工字钢按照定位准确调运至设计位置，相连的工字钢满焊连接。

3）加装垫片

根据深化设计后的基础平面图在工字钢上加装相应数量的钢板垫片并采用红外线激光找平仪进行调平。工字钢与垫片、垫片与垫片之间采用焊接的形式进行加固。

4）基础封边

由于装配式隔离病房与地面之间存在高差，钢梁基础完全裸露，为保证整体观感，底部采用岩棉填充加铝单板封边的方式进行封边、收口，对于缝隙处采用耐候胶封闭（图8-15）。

8.4.1.2 医用门窗拆改施工方案

1.技术准备

工程技术人员对施工图纸进行复核（墙面现状、结构形式），将影响施工的管线进行拆改或保护，同时对既有墙面其他的设施进行成品保护。由技术人员按照图纸给定尺寸，确定需要破除门的宽度及高度；原门改窗位置按照原有门框宽度进行破除，需要拆除的部分用记号笔进行标识。

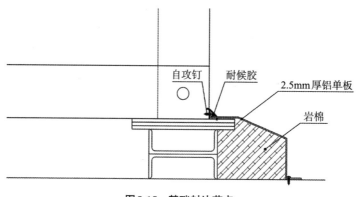

自攻钉　耐候胶　2.5mm厚铝单板　岩棉

图8-15　基础封边节点

2. 工艺流程

拆除过梁位置墙体→过梁抱框柱安装、浇筑→拆除过梁下方墙体→门套封堵→墙体砌筑及修补→密闭门、传递窗安装→门套二次封堵→旧门窗密封

1）拆除过梁位置墙体

拆除墙体前确认墙内电线断电、附着的管道断水、医院氧气管道断气，对管线进行成品保护。墙体拆除之前棉被上面垫好模板，防止物体下落时楼板振动过大。

2）过梁抱框柱安装、浇筑及下方墙体的拆除

过梁安装前，由人工对剥凿出的孔洞进行清理，清除松动的砖头、砂浆块，然后用清水冲洗干净，最后使用C20微膨胀混凝土进行修补，确保安装面平整。对于开洞后跨度大于300mm的洞口（包括窗洞口）均需要设置预制混凝土过梁（图8-16）；当洞口大于1.5m时，需要施工现浇混凝土抱框及过梁，用以保证开洞后墙体结构稳定。

（1）预制混凝土过梁安装。

预制过梁为C30预制钢筋混凝土过梁，截面宽度为120mm×100mm，采用双拼布置，正式安装前，对拼接侧面使用小型凿毛锤凿毛，凿毛深度10mm，安装采用座浆安装，在已经修补好的基面上刷一道同标号水泥净浆作为黏结剂（后续需要拆除墙体位置可不刷）；之后由人工将过梁运输、安装到位，到位后校核剩余装饰厚度，防止外饰面无法施工；确认无误后使用C20微膨胀细石混凝土灌注过梁间的缝隙（图8-17）。

安装过梁后方可拆除门洞内的砌体，拆除时需要逐层拆除，每次拆除高度不得大于50cm，门洞两侧砖墙拆成马牙槎。拆除完毕后进行复尺，确保门洞尺寸满足设计及安装要求，之后由人工清理洞口垃圾及松动的墙体，并对门洞

图8-16　预制C30混凝土过梁

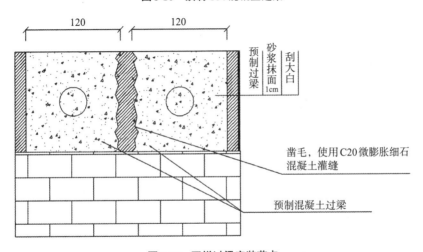

图8-17　双拼过梁安装节点

120mm范围内墙面使用C20微膨胀混凝土进行一次收口及灌浆（空心砖）。

（2）现浇混凝土抱框柱、过梁施工。

现浇抱框与过梁纵筋均采用植筋植入原结构，并与通长纵筋绑扎连接。

混凝土浇筑时混凝土中必须加入早强剂及防冻剂。浇筑完毕后，直接使用电褥子外加3cm棉被覆盖加速强度提升。具体见图8-18～图8-20。

3）墙体砌筑及修补

（1）原位直接砌筑。

砌筑时上下皮应对孔错缝搭砌，搭砌长度为砌块长度的1/2。如上下皮砌块不能对空砌筑时，搭砌长度不小于90mm。如整砖不能满足要求时，需将整砖进行切割。

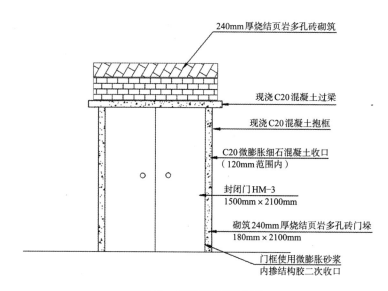

图8-18 抱框密闭门节点图

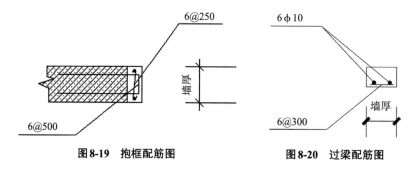

图8-19 抱框配筋图　　　　　图8-20 过梁配筋图

（2）加砌门垛。

部分原有走廊宽度不够，无法安装密闭门，该处采用门垛外移的方式安装密闭门（图8-21、图8-22）。

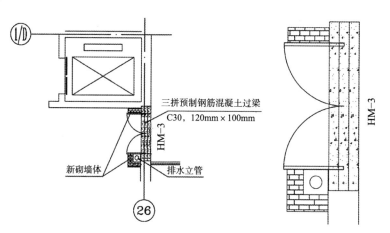

图8-21 需要增加门垛尺寸图

图8-22　增加门垛砌筑

（3）门联窗拆改。

走廊内原有门拆改为密闭门需要对原有瓷砖、木门套及吊顶进行拆除，并重新安装混凝土过梁及砌筑墙体（图8-23～图8-25）。

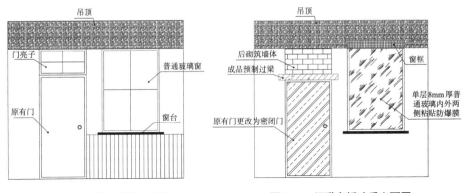

图8-23　门联窗原始立面图　　　**图8-24　门联窗拆改后立面图**

与原有墙面衔接位置采用页岩多孔砖进行斜砌，统一用页岩多孔砖斜砌挤紧，其倾斜度宜为60°左右，并要求逐块敲紧砌实、砌筑砂浆应饱满。所有门洞在完成砌筑后进行一次收口，收口后门框宽度、高度必须满足后续密闭门安装要求。

4）密闭门、传递窗安装

（1）传递窗安装。

由于传递窗安装位置便于作业，且整机重量不大（约为30kg），传递窗采用整机安装的方式。

图8-25 门联窗部位二次结构改造完成

　　安装前先在门口洞口位置搭设与预留孔等高的平台（平台面尽量光滑），并将洞口宽度范围及设计安装位置使用墨斗弹在平台上，将传递窗放置在范围内（带插头一侧面向走廊），缓慢推送进洞口直到达到设计位置，然后在孔洞内调整位置，使窗体位于洞口中央位置，最后校核墙两侧突出长度是否一致，确认无误后，使用中性玻璃胶将窗体与墙身紧密连接，确保气密性，若走廊墙壁需要做二次装修，在施工前，对传递窗进行成品保护，二次装修完毕后再打玻璃胶收口一次（图8-26、图8-27）。

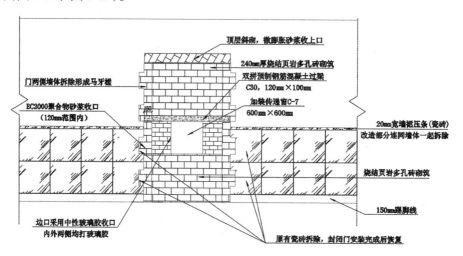

图8-26 加装传递窗节点图

（2）密闭门安装。

　　为保证气密性，防止门框与墙体之间漏气，密闭门采用二次安装，先安装门

图8-27　加装传递窗完成

框，再安装门扇。

根据设计三线（水平线、中心线、完成线）的要求划出定位线，按设计图纸规定尺寸、标高和开启方向在洞口内用"托线板"弹出门框的安装位置线。

用"拔木楔"将门框定位，然后用"吊线锤"吊垂直线，调整门框的水平和垂直及与内外墙面的位置，门框竖框对地面的垂直误差不能大于1mm。固定前对门框的位置进行复核，以保证安装尺寸准确，框口上下尺寸允许误差≤1.5mm。对角线允许误差≤2mm，并在前后、左右、上下门各方向位置正确后，再将门框与墙体固定。

先固定好膨胀螺栓，膨胀螺栓的固定点与门框的连接板位置保持一致，要求每侧4个膨胀螺栓均需要校紧；然后将膨胀螺栓与门框连接板采用点焊固定。

首先将铰链安装在门扇上，用螺钉固定，然后把门扇安装在门框上用螺钉固定好。装好门扇后，应调整门扇四边与门框的间隙，两侧缝隙不大于2mm，上侧缝隙不大于1.5mm，双开门中缝缝隙不大于2mm，下门缝不大于4mm（图8-28）。

5）门套二次封堵

密闭门安装完毕后，对门与门垛间缝隙进行二次封堵，先用发泡胶对门框与抱框（墙垛）进行灌缝，之后采用水泥砂浆+微膨胀剂抹灰封堵，为确保密闭性满足要求，二次收口时，抹灰砂浆压住门框边口1cm（不得影响开门），防止气体外泄。

降板位置铺装面需要与门框上口齐平，且在门框与瓷砖接缝位置，使用云石胶+白水泥进行密封。

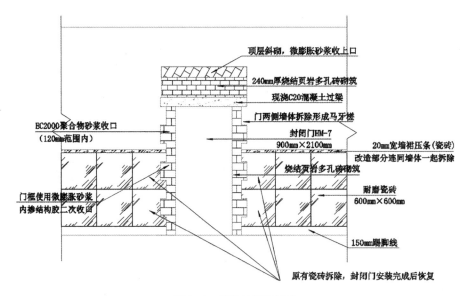

顶层斜砌，微膨胀砂浆收上口

240mm厚烧结页岩多孔砖砌筑

现浇C20混凝土过梁

门两侧墙体拆除形成马牙槎

封闭门HM-7
900mm×2100mm

20mm宽墙裙压条(瓷砖)
改造部分连同墙体一起拆除

EC2000聚合物砂浆收口
(120mm范围内)

烧结页岩多孔砖砌筑

耐磨瓷砖
600mm×600mm

门框使用微膨胀砂浆
内掺结构胶二次收口

150mm踢脚线

原有瓷砖拆除，封闭门安装完成后恢复

图8-28　门洞封堵节点图

6）旧门窗密封

（1）原有窗密封。

为最大限度保证原有窗的密闭性，旧窗采用内外两侧密封方式。内侧所有缝隙采用耐候密封胶密封；塞缝部位在窗下口及两侧下部20cm高度范围内用微膨胀水泥砂浆封堵，清理塞缝处浮浆等松散材料，确保界面干净，封堵部位与原来的抹灰层边缘清晰，再用水冲洗，封堵前开始涂抹水泥胶浆，并尽快塞缝，边涂抹水泥胶浆边塞缝抹灰，不要等涂抹水泥胶浆表面结膜；当缝宽大于3cm时，使用C20碎石混凝土密封，确认气密性满足要求后，在使用窗口内侧抹灰。

外侧窗密封时需要配合25t汽车吊及云梯进行施工，外侧均采用耐候胶+结构胶进行缝隙封堵。

（2）旧门封堵。

在封堵之前先将旧门以及周围瓷砖、踢脚线、墙裙拆除，门两侧墙体拆除形成马牙槎。由于门上缝隙较多，旧门封堵时，需要遵循从内到外，层层封堵的方式。对于不更换的门，有密封需求的，在门扇外侧加钉密封胶条；两侧及上门框采用结构胶进行封堵，在施工前需要将门框相接位置大白进行凿除一部分，保证结构胶封堵效果；门框下部及门框与既有墙面缝隙普遍较大，为确保密封性，使用C20微膨胀细石混凝土进行密封。封堵完毕后使用微膨胀砂浆进行抹面2次，厚度为1cm。具体见图8-29～图8-32。

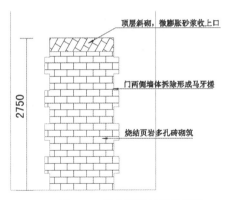

图8-29 室内隔墙封门节点图　　　　　图8-30 室内隔墙封门完成

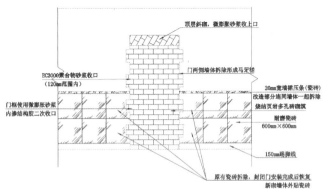

图8-31 走廊侧封门节点图　　　　　图8-32 走廊侧封门完成

8.4.2 给水排水工程施工方案

8.4.2.1 装配式病房给水不锈钢管卡压式连接安装方案

装配式病房共计54个卫生间，2个处置室，2个办公室、2个淋浴间、2个洁具间。用水点分布广，末端洁具数量多。加之施工气温低，时间紧。采用卡压连接的不锈钢管可提前预制末端给水配件，既不受温度限制，又节约施工时间。

不锈钢管卡压连接管件的端部U形槽内装有O形密封圈，安装时将不锈钢管插入管件中，用专用液压钳卡压管件端部，使不锈钢水管和管件端部同时收缩（外小里大，表面形成六角形），从而达到连接强度，并满足密封要求。

1.主要安装施工工艺

1）安装前准备

结合施工现场，熟悉施工图纸，在装配式病房拼装施工过程中，穿插穿墙、穿楼板的开孔作业，开孔尺寸按下列规定：开孔的尺寸比管外径大50mm，架空管道管顶上部净空100mm。

2）预制加工

根据设计图纸规定，结合现场实际情况，绘制加工草图，按图8-33进行管段的预制加工和预装配，在管段预制加工的同时进行立管支架的批量制作。

图8-33 支管预制加工

3）立管安装

（1）将预制加工好的管段按编号运至安装部位进行安装，明装立管时，其外壁距装饰墙面的距离为：公称直径≤25mm时为40mm，公称直径32～40时为50mm。立管穿越楼板处应在加设塑料套管后封堵密实。

（2）将各管段进行卡压连接，其操作步骤如下：

①下料：本工程各立管均为小规格管材，选用手动切管器截管；

②连接管件和管材：在不锈钢管上画出需插入管件的长度。然后将不锈钢管垂直插入卡压式管件中，应确认管子上所画标记线距端部的距离，公称直径15～25时为3mm，公称直径32～40时为5mm。确认后用专用液压钳卡住管件端部，通过液压工具加压完成管道的卡压连接。加压值分别为：管径$DN25～40$的为5MPa，$DN15～20$的为4MPa（图8-34～图8-36）。

（3）管道固定：用管卡将管道固定在墙上，不得有松动现象，公称直径≤25mm的管道安装时可采用塑料管卡。

（4）管道敷设时严禁产生轴向弯曲和扭曲，穿墙或楼板时不得强制校正。

4）支管安装

将预制好的支管运至施工现场组装，明装支管沿墙敷设，设2‰的坡度，坡

图8-34　管端画线

图8-35　切管

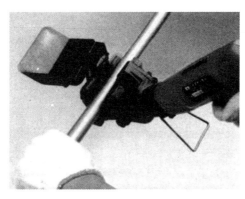
图8-36　管道卡压

向立管，支管与墙壁之间用塑料管卡固定。在配水点处采用金属管卡固定，管卡设置在距配件50mm处。

管道安装后进行水压试验，试验压力为0.6MPa，管道系统加压采用手动泵缓慢进行，升压时间10分钟，当压力达到规定试验压力后观察10分钟，如压力降低小于0.02MPa，再将压力降至工作压力，对管道做外观检验，以不渗漏为合格，然后进行后续施工。

2.锈钢管卡压式连接质量控制重点

1）不锈钢管卡压式连接

（1）管材下料截管后，对管子内外的毛刺必须用专用锉刀或专门的除毛刺器除去，若清除不彻底，插入时会割伤橡胶密封圈从而造成漏水。

（2）管子插入管件前必须确认管件O形密封圈已安装在管件端部的U形槽内，安装时严禁使用润滑油。

（3）管子必须垂直插入管件，若外斜则易使O形密封圈割伤或脱落从而造成漏水，插入长度必须符合规定，否则会因管道插入不到位而造成连接不紧密出现渗漏。

（4）卡压连接时工具钳口的凹槽必须与管子凸部靠紧，工具钳口应与管子轴心线垂直，卡压压力必须符合要求。开始作业后凹槽部位应咬紧管件，直至产生轻微震动才可结束。卡接后不锈钢管与管件承插部位卡成六边形，用量规检查其是否完好（图8-37）。

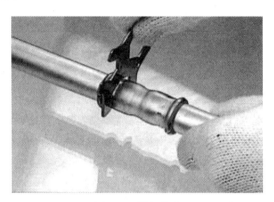

图8-37　量规检查

2）不锈钢管与丝扣件的连接

不锈钢管与阀门、水表、水嘴等丝扣件的连接必须采用专用的不锈钢内外丝转换接头，严禁在水管上套丝。

3）暗敷管道的防腐

不锈钢管严禁直接接触水泥、水泥浆、砂浆和混凝土等材料，故暗敷管道宜采用覆塑不锈钢管，或在管外加设防护套管或外缠防腐胶带。

4）管道支架的设置

按不同管径和要求设置管卡或吊架，埋设应平整，管卡与管道接触应紧密，但不得损坏管道表面。

（1）不锈钢管固定支架的间距不宜大于15m，热水管固定支架间距应根据管线热胀量、膨胀节允许补偿量等确定。固定支架宜设置在变径、分支、接口及穿越承重墙、楼板的两侧等处。

（2）金属支架或管卡与不锈钢管材间必须采用塑料或橡皮隔离，以免使不锈钢管受到腐蚀。

（3）主管的钢支架用切割机下料，用台钻钻孔，严禁用气割割孔。

（4）管卡型号规格必须与管材型号规格相匹配，严禁以大代小，管卡螺母必须配备平垫圈。

（5）管道安装及管道和阀门位置应在允许偏差范围内。

3.不锈钢管施工成品保护

由于不锈钢管管材较薄，施工中应注意产品保护，明敷设的管道一般应在前期工程完成后进行安装，以防止管道被碰撞、砸伤，并在管道外壁包扎塑料薄膜，以防止明装管道被砂浆、混凝土、油漆等污染。

8.4.2.2 装配式病房直埋HDPE给水排水管热熔对接工艺

本工程排水管道总长度240余米，分东北方向和东南方向两个排水点排至室外原有化粪池。给水主干管由西侧原院区低区给水井引来。

HDPE管道系统具有以下优点：①连接可靠：聚乙烯管道系统之间采用电热熔方式连接，接头的强度高于管道本体强度。②低温抗冲击性好：聚乙烯的低温脆化温度极低，可在-60～60℃温度范围内安全使用。冬季施工时，因材料抗冲击性好，不会发生管子脆裂。③抗应力开裂性好：HDPE具有低的缺口敏感性、高的剪切强度和优异的抗刮痕能力，耐环境应力开裂性能也非常突出。④耐化学腐蚀性好：HDPE管道可耐多种化学介质的腐蚀，土壤中存在的化学物质不会对管道造成任何降解作用。聚乙烯是电的绝缘体，因此不会发生腐烂、生锈或电化学腐蚀现象；此外它也不会促进藻类、细菌或真菌生长。⑤耐老化，使用寿命长：含有2%～2.5%的均匀分布炭黑的聚乙烯管道能够在室外露天存放或使用50年，不会因遭受紫外线辐射而损害。⑥耐磨性好：HDPE管道与钢管的耐磨性对比试验表明，HDPE管道的耐磨性为钢管的4倍。在泥浆输送领域，同钢管相比，HDPE管道具有更好的耐磨性，这意味着HDPE管道具有更长的使用寿命和更好的经济性。⑦可挠性好：HDPE管道的柔性使得它容易弯曲，工程上可通过改变管道走向的方式绕过障碍物，在许多场合，管道的柔性能够减少管件用量并降低安装费用。

1.管沟开挖

本工程的给水排水管道采用明挖施工，给水及排水管道同管沟不同标高同时开挖，进行施工放样测量前，测量人员先校核施工图纸，按施工图纸提供管线的位置和标高，定出沟槽中线并引出水准基准点，作为整个排水工程的控制点。每次测量均要闭合。测量管沟中心轴线、标高，并放出管沟基槽边线，在边线设置油漆标识。沟槽放线时采用白石灰撒线作为中心线（图8-38）。

管沟槽底层开挖的宽度按本次管槽需要保证的工作面进行开挖，开挖时，随时测量监控，保证开挖边坡、基坑尺寸、轴线、槽底的高程应达到沟槽验收规定的要求。

机械开挖沟槽时应注意下列事项：为保证原有管道不被破坏，在用机械挖土时，要防止超挖。挖至离管道200mm时采用人工开挖，避免破坏现象。

根据前期勘察，施工区域内无地下管线和各种构筑物，如若遇到特殊情况则

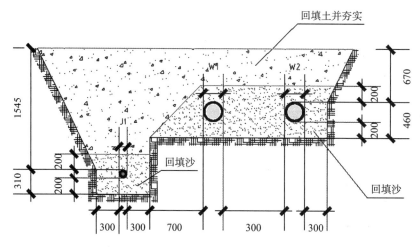

图8-38 管沟开挖剖面图

改为人工挖土。人工开挖时应注意下列事项:

（1）沟槽分段开挖，开挖顺序由低标高向高标高方向分层开挖。

（2）开挖人员间隔5m，在开挖过程中和敞沟期间应保持沟壁完整，防止坍塌，必要时支撑保护。

开挖沟槽遇有管道、电缆或其他构筑物时，应严加保护，并及时与有关单位联系，会同处理。

沟槽检查验收：沟槽开挖完成后，进行检查验收，检查项目包括开挖断面、槽底标高、轴线位置、沟槽边坡等。

2.管道施工工艺

1）对接施工（图8-39）

（1）对管材按设计要求进行核对和外观检查，在焊接作业区域设置可移动式防风保温棚，棚内设取暖设备，保证焊接作业时的周围环境温度不低于-10℃。

图8-39 管道对接

（2）将焊机各部件线路接通，清洁加热板并设置加热温度，当加热板的温度达到220℃±10℃再保温10分钟，固定待焊管材（管件），并用铣刀铣削管材（管件）端面，从机架上取下铣刀时，应避免铣刀与端面相碰撞，取下铣刀，检查热熔面间隙，间隙量不得大于0.3mm，铣削好的端面不要用手摸或被油污等污染。

（3）管材与加热板对碰，管材四周形成翻边，压力降为零，开始吸热，吸热时间为壁厚的10～12倍，拿出加热板，直接和管材对接，保持压力15分钟直到管材冷却。

（4）检查管子的同轴度，最大错边量为管壁厚的10%。当不满足此要求时，应对待焊件重新夹持、铣削，合格后方可进行下一步操作。

2）接头质量检查

接头翻边沿管材整个圆周平滑对称分布，翻边最低处不应低于管材表面。错边量不大于管材壁厚的10%且不超过3mm。

3）焊接处冷却

焊接完成后，冷却过程中要让焊接处处于自然状态，且应保证冷却过程中不受任何外力作用，冷却以后才能移动。

4）管道试压

给水管道试验压力为0.6MPa，稳压1小时，压力降不得超过0.05MPa，然后在工作压力的1.5倍（0.27MPa）状态下稳压2小时，压力降不得超过0.03MPa，同时检查各连接处不得渗漏。

5）管道灌水试验、通球试验

埋地的排水管道在隐蔽前必须做灌水试验，其灌水高度应不低于底层卫生器具的上边缘。排水主立管及水平干管管道均应做通球试验，通球球径不小于排水管道管径的2/3，通球率必须达到100%。检验方法：满水15分钟水面下降后，再灌满观察5分钟，液面不降，管道及接口无渗漏为合格。

6）保温及防结露

（1）非直埋管道均做防结露保温，采用橡塑管壳（难燃B1级），保温层厚度为20mm。

（2）埋地管道均做保温处理。管道采用橡塑管壳（难燃B1级），保温层厚30mm。

7）注意事项

（1）如果电压不稳立即停止焊接。

（2）如焊接构成中发生断电，不允许二次焊接。

（3）焊接前根据管件上的标识准确输入焊接参数。

（4）管件在冷却时间内禁止移动和弯曲，避免出现管材跟管件脱离或漏水现象。

（5）严禁雨雪天气焊接。

（6）当温度低于-10℃禁止进行焊接。

（7）HDPE管材线性膨胀系数为0.14mm/m·℃，但本工程管线单根总长度不足50m，且施工环境温度偏低，可不考虑管道的热胀冷缩带来的危害。

3. 回填

考虑到管径不大的情况，确定不使用机械将管道放入沟槽，下管时采用软带吊具，平稳下沟，不得在沟壁与沟底激烈碰撞，以防管道损坏。管道稳定后，再复核一次高程，使管道的纵坡符合设计要求。管道安装验收合格后立即回填，先回填到管顶以上一倍管径高度，沟槽回填从管底基础部位开始到管顶0.5m范围内人工回填。回填土的压实度应满足规范及设计要求。

8.4.2.3 负压病房给水排水工程拆改施工措施

一层病房卫生间北侧缓冲间洗手盆排水管需要接地下原有排水管，须采取破除地面，安装管线并恢复的措施。

施工工序如下：

1. 测量放样

开挖前根据图纸设计高程，计算出开挖深度，按规定坡度放坡。并用石灰洒出开挖坡顶上口两边边线，开挖时，进行跟踪测量。严格控制好沟槽底的平面位置及高程。

2. 沟槽开挖

沟槽开挖采用人工开挖至槽底设计高程。坑宽度为100mm，深度为1m。

3. 管道安装

管材进场时应实行检验，管节安装前应进行外观检查。管材混凝土设计强度等级不得低于40MPa，管道抗渗性能检验压力试验合格。承口和插口工作面光洁平整，局部凹凸度用尺量不超过2mm，不应有蜂窝、灰渣、刻痕和脱落。管体外表面应有标记，应有出厂合格证，注明管材型号，出厂水压试验的结果，制造及出厂日期，厂质检部门鉴章。并检查承口、插口尺寸。

4. 管道接口

管节对口时，应将承插口内的所有杂物予以清除，并擦洗干净，然后在承口内均匀涂抹非油质润滑剂。并将橡胶圈上的粘接物清擦干净，且均匀涂抹非油质润滑剂。

插口上套的密封圈应平顺，无扭曲。安管时应均匀滚动到位，放松外力后，回弹不得大于10mm，把胶圈弯成心形或花形（大口径）装入承口槽内，并用手沿整个胶圈按压一遍，确保胶圈各个部分不翘不扭，均匀一致卡在槽内。特别注意安装时顶、拉速度应缓慢，并应有专人查胶圈滚入情况，如发现滚入不均匀，应停止顶、拉，用凿子调整胶圈位置，均匀后再继续顶、拉，使胶圈达到承口的预定位置。密封圈不得出现"麻花""闷鼻""凹兜""跳井""外露"等现象。抹带接口均采用1:2.5水泥砂浆。抹带前将管口及管外皮抹带处洗刷干净。直径小于1000mm，带宽120mm；直径大于1000mm，带宽150mm，带厚均为30mm。抹带分两层做完，第一层砂浆厚度约为带厚的1/3，并压实使管壁粘接牢固，在表面划成线槽，以利于与第二层结合。待第一层初凝后抹第二层，用弧形抹子捋压成形，初凝前再用抹子赶光压实。抹带完成后，立即用平软材料覆盖，3~4小时后洒水养护（图8-40）。

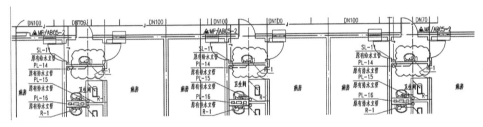

图8-40 破除地面布置图

5. 封堵

（1）首先将原有穿板管凿除，并将管壁与混凝土交接的光滑面凿麻，剔凿成杯口状（即上宽下窄）。

（2）用水将混凝土表面及周围冲洗干净并使之充分湿润。

（3）吊模：采用5mm厚合板封实，并用圆杉土支撑，以保证浇灌过程不漏浆。

（4）选用浇灌材料：C30细石混凝土，内掺适量微膨胀剂及抗渗剂。

（5）浇灌方法：①浇灌前用纯水泥浆将孔洞底部1/3的凿除面刷涂一遍。②将选用的C30微膨胀抗渗混凝土填入洞内，填入高度不得超过原板厚的1/2。③人工捣实。④浇灌后其混凝土达到初凝时开始进行蓄水养护，24小时后将吊模拆除，观察是否存在渗漏。⑤无渗漏的情况下，48小时后既可进行二次浇灌。二次浇灌养护仍采用蓄水养护，养护时间不少于14天，混凝土的养护由专职负责。

其余管道洞口需水钻开孔，并使用C20微膨胀细石混凝土进行封堵。

施工工序如下：

施工方法：

①放线：按照设计图纸及现场实际情况施放切除边缘线，若发现现场情况与图不符时，应及时与总包及设计联系尽快解决。

②定位：根据所施放的线，在构件上安装水钻进行控制点施工，水钻钻头用φ102的钻头与水钻配合施工。根据行业标准、施工过程安全以及混凝土运输安全，混凝土分块不得大于500mm×500mm且每块不得超过100kg。墙体开洞大小为直径100mm的圆洞。

③切除：根据现场具体部位进行切除。

④清运：待洞口完工后，进行渣土外运并清理现场。

⑤使用砂浆对空洞口抹平处理后利用C20微膨细石混凝土对空隙进行填充。

（6）竖向管道吊洞施工方法：

①应采用特定的管道吊洞模具（图8-41、图8-42）。

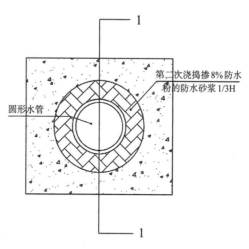

图8-41　楼板吊洞平面图

②清理、凿毛：首先对预留洞口侧面进行清理和凿毛处理，将洞口预留时夹在混凝土内的木屑、泡沫板、塑料布等剔除干净，将光滑的侧表面用錾子剔成凹凸不平的毛面，应露出石子，并将松动的混凝土块及浮灰清理干净。

③由于PVC管道表面光滑，与混凝土粘结不够牢靠，遇到震动或板洞封堵不密实就容易出现渗漏。故管道安装时，在结构板厚度居中的位置安装橡胶止水

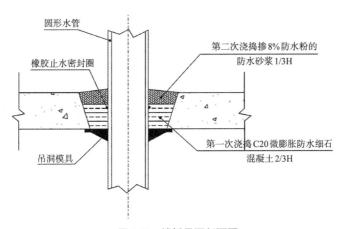

圆形水管

橡胶止水密封圈

吊洞模具

第二次浇捣掺8%防水粉的防水砂浆1/3H

第一次浇捣C20微膨胀防水细石混凝土2/3H

图8-42　楼板吊洞剖面图

交圈，使得PVC管道与混凝土之间形成柔性连接，可以有效地防治渗漏。管道与楼板混凝土之间的缝隙不得小于20mm。

④吊洞模具安装：选择对应管道直径的模具，使模具与管道紧密接触，不留空隙，吊模必须平结构板或凹进3～5mm，以利于腻子收口。

⑤洞口封堵浇筑混凝土前，对洞口周边进行清理并用水冲洗干净浮浆杂尘。

⑥管道洞口封堵前，洞口周边用水泥砂浆（掺8%防水粉）涂抹一遍。

⑦第一次用微膨胀细石混凝土封堵到楼板厚度的2/3，振捣密实。待细石混凝土初凝后，浇水养护2～3天。

⑧第一次封堵完成后，用1:1的水泥砂浆（掺8%的防水粉）进行二次封堵，管道根部100mm范围内需高出结构板面10～15mm，向外放坡。初凝后围蔽，浇水养护。待水泥砂浆达到一定强度后即可拆除模具。

（7）洞口外部装修：内墙基层涂刷一道素水泥浆，内掺聚合物水泥胶。使用10mm厚的1:3水泥砂浆抹平压光。中间压入耐碱玻纤网格布。水泥砂浆外层刮3遍腻子用来找平打底后，满刮两遍大白。最后喷涂两遍洁净漆。具体措施见图8-43～图8-48；给排水工程孔洞数量见表8-21。

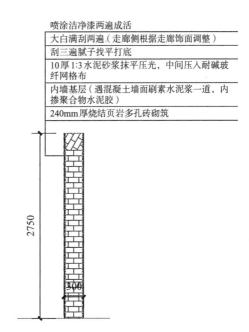

喷涂洁净漆两遍成活

大白满刮两遍（走廊侧根据走廊饰面调整）

刮三遍腻子找平打底

10厚1:3水泥砂浆抹平压光，中间压入耐碱玻纤网格布

内墙基层（遇混凝土墙面刷素水泥浆一道，内掺聚合物水泥胶）

240mm厚烧结页岩多孔砖砌筑

2750

300

图8-43　洞口外部装修做法示意图

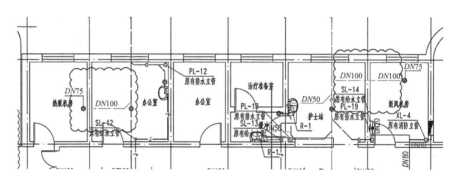

图 8-44　排水管道孔洞排布图（一）

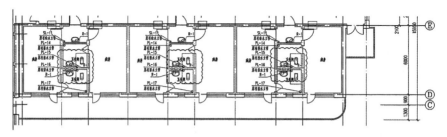

图 8-45　排水管道孔洞排布图（二）

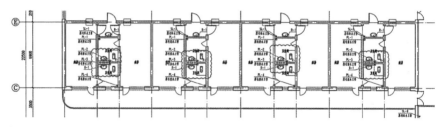

图 8-46　排水管道孔洞排布图（三）

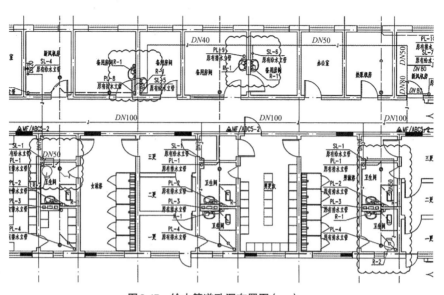

图 8-47　给水管道孔洞布置图（一）

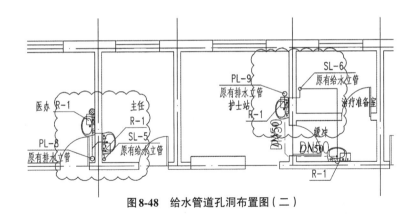

图8-48　给水管道孔洞布置图（二）

给排水工程孔洞数量表　　　　　　　　　　　表8-21

序号	孔洞尺寸	孔洞数量
1	Φ100mm	33
2	Φ150mm	2
3	破除地面	3

8.4.3　暖通工程拆改施工措施

8.4.3.1　空调水管拆改施工措施

空调水管采用电镐开洞，防火胶泥封堵的措施。孔洞尺寸为600mm×300mm的矩形。空调水管孔洞平面布置图见图8-49，空调水管拆改工程孔洞数量表见表8-22。

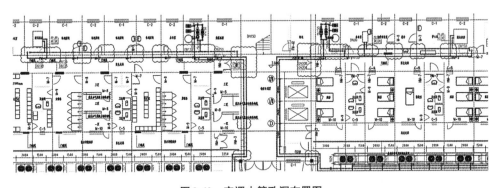

图8-49　空调水管孔洞布置图

空调水管拆改工程孔洞数量表　　　　　　　　表8-22

序号	孔洞尺寸	数量
1	Φ150mm	2
2	Φ200mm	5
3	500mm×300mm	12
4	600mm×300mm	11

工序划分为：

1.测量放线施工工艺

（1）管道放线由总管到干管再到支管放线定位。放线前逐层进行细部会审，使各管线互不交叉，同时留出保温、绝热及其他操作空间。

（2）空调水管道在室内安装以建筑轴线定位，同时又以墙柱为依托。定位时，按施工图确定的走向和轴线位置，在墙（柱）上弹画出管道安装的定位坡度线，冷热水坡度为0.003，冷凝水管道坡度不小于0.008，在制冷机房及地下二层内，并行多种管道，定位难度大，采用打钢钎拉钢线的方法，将各并行管道的位置、标高确定下来，以便于下一步支架的制作和安装，定位坡度线宜取管底标高作为管道坡度的基准。

（3）立管放线时，打穿各楼层总立管预留孔洞，自上面下吊线坠，弹画出总立管安装的垂直中心线，作为总立管定位与安装的基准线。

2.墙体开洞施工要求

（1）施工前应对作业区周围进行安全防护，在确保作业环境安全的前提下进行施工。

（2）空压机调试后运转正常方可进行使用，禁止随意调动压力开关。

（3）低压设定压力不得超过0.8MPa。

（4）用高压风管将空压机与风镐连接，完成调试，压力稳定以后开始剔凿作业。

（5）风镐正常工作时的压力位为0.5MPa，正常工作时应每隔2～3小时加注一次润滑油。

（6）禁止使用破损、老化的胶管，防止胶管爆裂伤人。

（7）剔凿前应对混凝土表面进行洒水，并保证剔凿过程中混凝土表面保持湿润。

（8）待混凝土剔凿达到设计变更要求后，应用钢丝刷将表面清理干净。

3.支吊架的制作与安装

（1）管道支架选用型钢（角钢、槽钢）现场加工制作。管径小于 $DN200$ 的用角钢，管径大于或等于200的选用槽钢。

（2）支吊架制作集中在加工场进行，以方便控制支架的制作质量。加工时要求用剪床或砂轮切割机开料，如支架较大，需用槽钢制作，则可用氧割开料。支架的膨胀螺栓孔要用钻床钻孔，不能用氧割开孔。

（3）支吊架连接采用焊接方法，焊接要求应符合焊接的质量标准。

（4）对同一直线上要求支吊架采用同一规格，对同层管道支吊架安装时，除要求坡度外，支吊架底线保持同一平面。

（5）保温管道支吊架应设置在保温层外部，并在支吊架与管道之间镶木码。

（6）管道支架的选择考虑管路敷设空间的结构情况、管内流通的介质种类、管道重量、热位移补偿、设备接口不受力、管道减震、保温空间及垫木厚度等因素选择固定支架、滑动支架及吊架。

（7）支架的安装包括支架构件预制加工和现场安装两道工序。制作支、吊架时，采用砂轮切割机切割型钢，并用磨光机将切口打磨光滑；用台钻钻孔，不得使用氧乙炔焰吹割孔；撖弯煨制要圆滑均匀。各种支吊架要无毛刺、豁口、漏焊等缺陷，支架制作或安装后要及时刷漆防腐。支架的形式按设计要求及施工图集进行加工，其标高须使管道安装后的标高与设计相符。

（8）支、吊、托架的安装，应符合下列规定：

①位置正确，埋设应平整牢固。

a.固定支架与管道接触应紧密，固定应牢靠，支架的设置应符合设计要求。

b.采暖管采用弧型板U形螺栓低滑动支架，蒸汽管采用高滑动支架。

c.无热伸长管道的吊架、吊杆应垂直安装，有热伸长管道的吊架、吊杆应向热膨胀的反方向偏移。

d.固定在建筑结构上的管道支、吊架不得影响结构的安全。

e.管井内设置膨胀节，水管每60m设一个，膨胀量为45mm。

②管道的安装：

管道安装前，复测管道中心线及支架标高位置无误后，开始管道安装就位。

A.大口径立管安装：

自下而上逐层安装。为便于施焊，将起弯处水平管与弯头的接口做活口处理。管材由地面一层运进管道间（或空调机房）并进行组对焊接。每点固或焊完一个口，将上面的管段向上一楼层推进，为便于吊装，管子在组对时焊吊耳。每安装一层，以角钢U形管卡固定，以保证管道的稳定及以下各层配管量尺的准确。立管底部要设钢性支撑。

B.水平管的安装：

a.放线、定位核准，支架正确安装后，管子就要上架。上架前，进行调直，对用量大的干管进行集中热调，小口径的管子用手锤敲击冷调。

b.管子上架，小口径管道用人力抬扛，当使用梯子时，应注意防滑；大口径管子用手动倒链或电动葫芦吊装，注意执行安全操作规范。

c.管子上架后连接前，对大管子进行拉扫，即用钢丝缠破布，通入管腔清扫，对小口径管，上架时敲打"望天"（从管腔一端望另一端的光亮），以确保管道安装内部的清洁、不堵塞。

d.干管的对口连接：干管采用焊接连接，与附件连接采用法兰连接。为尽量减少上架后的死口，组织班组精心考虑，在方便上架的情况下尽量在地面进行活口焊接。

e.干管变径与接支管：干管变径采用成品管件焊接成型较好，冷热水管用偏心大小头，并在安装时使偏心分别向下和向上。分支管与主干管连接采用开孔焊，变径管200～300mm以外方可开孔焊支管；在施工中抓好划线准确及焊接质量，不允许无模板划线，不允许开大孔将分支干管插入主管中焊接，同时不允许在主干管弯管的弯曲半径范围内开孔，而在弯曲半径以外100mm以上的部位开孔焊接。

f.管道安装时要及时调整支、吊架。支、吊架位置要准确，安装平整牢固，与管子接触紧密。固定支架必须安装在设计规定的位置上，不得任意移动。

g.在支架上固定管道，采用U形管卡。制作固定管卡时，卡圈必须与管子外径紧密吻合、紧固件大小与管径匹配，拧紧固定螺母后，管子要牢固不动。

h.无热位移的管道，其吊杆垂直安装。有热位移的管道，吊点设在位移的相反方向，按位移值的1/2偏位安装。

i. 管道安装过程中使用临时支、吊架时，不得与正式支、吊架位置冲突，做好标记，并在管道安装完毕后予以拆除。

j.大管径管道上的阀门单独设支架支撑。

k.保冷、保温管道与支架之间要用经过防腐处理的木衬垫隔开，木垫厚度同保冷、保温层厚度，按设计要求支架需做保温喷涂。

l.空调水管穿过防火墙时，需设防火环，并作好防火封堵。

③管道附件安装：

a.焊接钢管的安装，采用冲压弯头。

b.冷冻（冷却）水管的水平管变径时采用偏心大小头，上平下变，立管采用同心大小头，以免管道内部积污和积气，影响管道的使用。

c.冷冻（冷却）水管的三通均现场制作。所有连接冷冻机组和水泵的支管，均要求做顺水三通，顺水三通用半个冲压弯头加工，使水流进入三通时有一定的弯曲半径。三通制作前，应按要求做好划线，放样再开料焊接。

④墙体孔洞封堵：

当管道与洞口缝隙不大于100mm时，利用聚合物砂浆对空调水管下侧及左右两侧墙体抹平，空调水管下放2块柔性垫块，剩余空间使用C20微膨胀细石混凝土填充封堵。当管道与洞口缝隙大于100mm时，则需使用烧结页岩多孔砖将空隙封堵至50mm后采用砂浆及C20微膨胀细石混凝土封堵，具体做法同上。柔性垫块下方使用50mm×50mm×6mm的方钢进行固定，方钢满焊在10号槽钢上，槽钢使用φ16mm膨胀螺栓固定于墙体。洞口上方需设置120mm×120mm双榀预制钢筋混凝土过梁，过梁端部距洞口边缘水平距离大于250mm。

当空调水管需穿过窗户时，需将玻璃根据水管尺寸进行裁剪之后重新安装，玻璃与水管间空隙使用密封胶封堵。

具体形式见图8-50～图8-56：

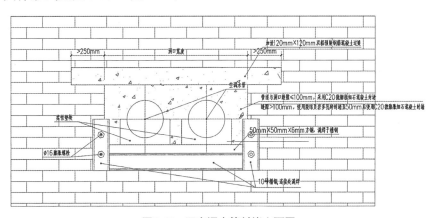

图8-50　双空调水管封堵立面图

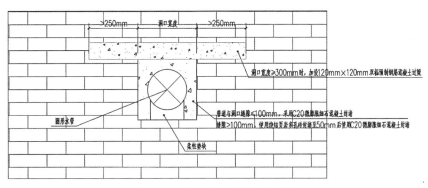

图8-51　单空调水管封堵立面图

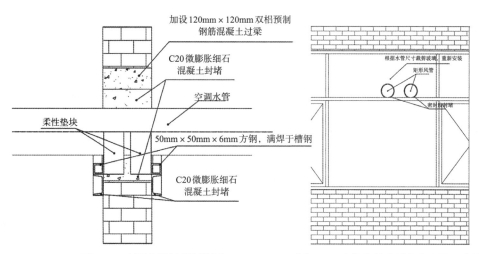

加设120mm×120mm双楂预制
钢筋混凝土过梁

C20微膨胀细石
混凝土封堵

空调水管

柔性垫块

50mm×50mm×6mm方钢，满焊于槽钢

C20微膨胀细石
混凝土封堵

根据水管尺寸裁剪玻璃，重新安装

矩形风管

密封胶封堵

图8-52　空调水管封堵剖面图　　　　　　　图8-53　空调水管穿过窗户立面示意图

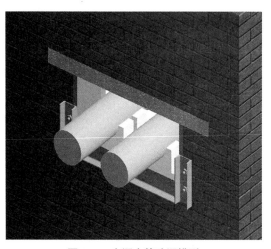

图8-54　空调水管孔洞模型

图8-55　空调水管封堵实例　　　　　　　图8-56　空调水管穿过窗户实例

⑤洞口外部装修同给水排水工程拆改。

8.4.3.2 通风管道拆改施工措施

通风管道采用电镐开洞，防火胶泥封堵的措施。风道孔宽与风道采用吊架支撑，吊杆直径1cm（图8-57）。

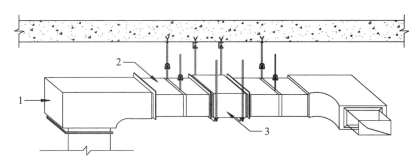

图8-57　风管及消声器的安装（1-消声弯头，2-水平风管，3-消声器）

风管安装具体步骤如下：

（1）施工准备：主要是通过对设计图审核、现场勘察、设备订货与其他施工单位进度配合要求等，拟订与工程相适应的施工作业计划和方法，在可能的条件下，宜编制施工班组作业计划，以协调其他施工单位配合及施工作业准备工作的正常运行。

（2）以图纸为基准，校核风机盘管机组安装位置、标高与结构尺寸，以及与其他专业管道、电气管线、桥架等安装位置及装修之间是否存在着矛盾。

（3）确定风机盘管机组与送、回风管的连接节点与安装操作的可能性。

（4）对风机盘管机组与空调进、回水的连接位置，采用的弹性连接方法，整体连接作业是否困难等作分析判断。如有问题，应向设计单位提出，及时解决。

（5）风机盘管机组的凝结水盘放水口与凝结水排放管承口的距离宜为100m～300m，坡度应大于1%。

（6）根据本工程中风机盘管机组安装的不同类型，进行现场抽样勘察。一般可按卧式暗装、立式暗装与明装进行分类，或按厅堂、标准客房与特殊套房进行分类。

（7）确定风机盘管机组支、吊架的结构型式及实施的可行性。检查建筑空间实际尺寸与图纸的相符性，是否有妨碍机组与接管按图施工的情况，如有应判断其影响程度。

（8）核实产品实际供货的型号、规格、数量及到货日期。

（9）将实际供货清单与设计图规定进行核对，两者应一致。如有改型代用时，应做确认手续。

（10）安装前对工程的风机盘管机组，进行风机三速试运转及盘管的水压渗漏试验。风机在220V±10%时，启动、运转无异常为合格。盘管在1.5倍工作压力下（至少0.6MPa），无渗漏为合格。

（11）机组检验可采用全检或抽检，对于数量较多的工程宜采用抽检，抽检率为5%～20%。

（12）整体工程的安装可按厅堂、楼层或暗装明装进行安排。

（13）风机盘管机组的支、吊架的形式，应满足其固定牢固、定位安装操作方便外，还应考虑其批量加工的可能性。明装机组的支、吊架还应注意外形的美观。

（14）按风机盘管的类型与安装位置，采用相应的支、吊架。立式暗装机组宜采用座架。卧式暗装机组宜采用圆钢吊架或角钢支架。当采用圆钢吊架时，螺杆应有50m左右的调整距离，吊杆宜为4根吊杆的固定可采用膨胀螺栓或预埋。

（15）风管制作按《通风与空调工程施工及验收规范》G8 50243—1997规定执行。风管与机组的连接可采用法兰或自攻螺丝。

（16）每台风机盘管机组支、吊架，一般为2副，宜要求其受力均衡。对于连接机组的送、回风管，长度大于1m以及采用弯管形式的，均应增设吊、支架。

（17）吊架与结构的连接可采用预埋与膨胀螺栓。吊点的位置、距离，可采用等同机组吊点尺寸或大于机组吊点尺寸的方法。为安装高度调整需要，吊杆宜留有调整的余量（50mm左右），并用双螺母固定。吊杆与预埋钢板的连接宜采用折弯焊接，不得采用丁字焊接，焊接长度应大于等于6倍吊杆直径，且应双面焊接。吊架材料选用10号槽钢。

（18）风机盘管机组的安装，应在支、吊架已定位固定，土建内墙粉刷等湿作业已完成的条件下进行。机组安装的位置应符合设计要求，机组的中心线与送、回风口的中心线应尽量重合，两侧应不贴墙，保持管道施工操作与机组维修的距离。管道连接侧宜不小于400m。

（19）通风管道孔洞封堵：当洞口与风管间隙小于100mm时，使用砂浆对洞口边缘抹平，并使用C20微膨胀细石混凝土进行封堵，如果间隙大于100mm时，需使用烧结页岩多孔砖砌筑，将间隙缩小至50mm，之后继续使用砂浆对洞口边缘抹平，并使用C20微膨胀细石混凝土进行封堵。如果洞口宽度不小于300mm时，还需加设120mm×120mm双楣预制钢筋混凝土过梁，过梁端部距洞口边缘距离大于250mm。圆形风管的洞口也需做成方形，单根圆管时洞口为正方形，两根圆管时洞口为矩形，圆形风管下方均需设置柔性垫块，其余做法与矩形风管相同。

当通风管道需穿过窗户时，需将玻璃根据风管尺寸进行裁剪之后重新安装，玻璃与风管间的空隙使用密封胶封堵。

具体做法见图8-58～图8-62：

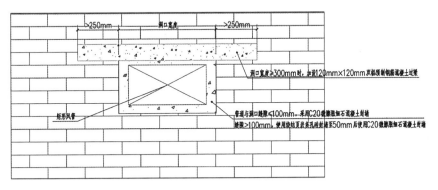

图8-58 矩形通风管道孔洞封堵立面图

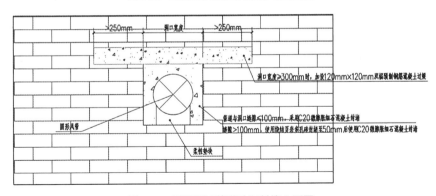

图8-59 圆形通风管道孔洞封堵立面图

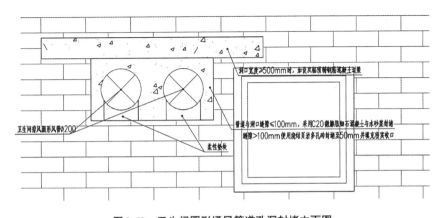

图8-60 卫生间圆形通风管道孔洞封堵立面图

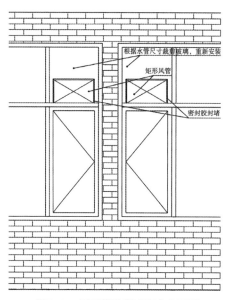

图8-61 通风管道穿过窗户立面图

图8-62 通风管道安装实例

（20）洞口外部装修同给水排水工程拆改。

（21）吊杆与吊顶的洞口缝隙采用发泡胶进行封堵，发泡胶与吊顶表面预留5mm高差，并采用石膏抹平处理（图8-63～图8-66）。

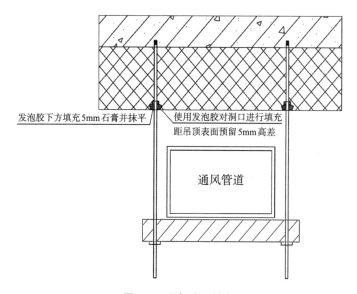

图8-63 吊杆孔洞封堵立面图

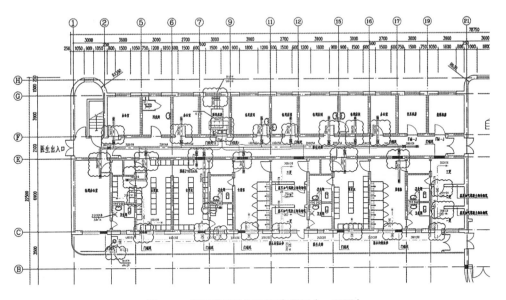

图8-64 通风管道孔洞平面布置图（一层西）

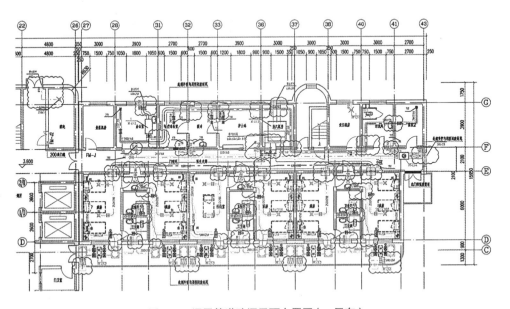

图8-65 通风管道孔洞平面布置图（一层东）

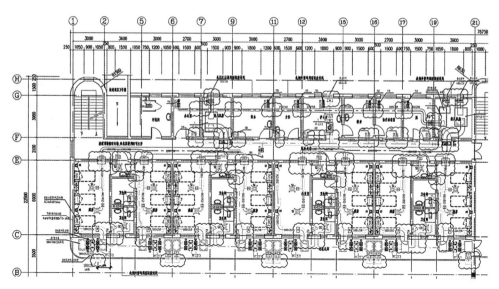

图 8-66　通风管道孔洞平面布置图（二～四层西）

8.4.3.3 室外风管拆改施工方案

排风管道由原来的径直穿过玻璃窗出户变为四层都由同一位置出户，到室外后做斜管与上层管并列引到楼面，窗玻璃安装于风管上加横撑。

变更排风管安装具体步骤如下：

（1）施工准备：主要是通过对设计图审核、现场勘察、设备订货与其他施工单位进度配合要求等，拟定施工作业计划。

（2）以新图纸为基准，校核排风机安装位置、标高与结构尺寸以及与其他专业管道、电气管线、桥架等安装位置及装修之间是否存在着矛盾。

（3）确定排风机与风阀的软连接安装的可靠性。

（4）风管制作按《通风与空调工程施工及验收规范》GB 50243—1997规定执行。风管与风机的连接采用紧固装置。

（5）每台风机支、吊架为2套，要求其受力均衡。

（6）吊架与结构的连接采用预膨胀螺栓固定。吊点的位置、距离，可采用等同机组吊点尺寸或大于机组吊点尺寸的方法。为安装高度调整需要，吊杆宜留有调整的余量（50mm左右），并用双螺母固定。吊杆与预埋钢板的连接宜采用折弯焊接，不得采用丁字焊接，焊接长度应大于等于6倍吊杆直径。

通风管道穿过窗户时，将玻璃根据风管尺寸进行裁剪之后重新安装，玻璃与风管间的空隙使用密封胶封堵。

（7）吊杆与吊顶的洞口缝隙采用发泡胶进行封堵，发泡胶与吊顶表面预留

5mm高差，并采用石膏抹平处理。

8.4.3.4 医用气体管道拆改施工措施

每间病房需用水钻开4个直径25mm孔洞来安装医用气体管道。安装完采用防火胶泥进行封堵。医用气体孔洞布置图及医用气体孔洞实例见图8-67～图8-70，医用气体管道拆改施工孔洞数量见表8-23。

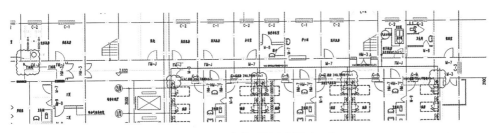

图8-67　医用气体孔洞布置图（一）

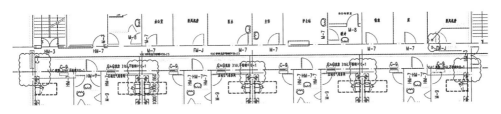

图8-68　医用气体孔洞布置图（二）

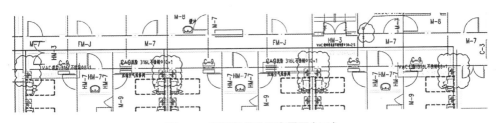

图8-69　医用气体孔洞布置图（三）

图8-70　医用气体孔洞实例

医用气体管道拆改施工孔洞数量表 表8-23

序号	孔洞尺寸	数量（个）
1	Φ25mm	93
2	Φ70mm	16

安装工序如下：

1）确定管路安装位置

管道布置及走向见医用气体施工图，需根据现场土建情况及其他系统布置情况进行调整。

2）制作安装管道支架

（1）医用气体管道应单独做吊架，间距不大于表8-24中的数值：

医用气体管道吊架间距 表8-24

管道公称直径（mm）	4～8	8～12	12～20	20～25	25以上
支、吊架间距（m）	1	1.5	2	2.5	3

（2）根据现场情况确定支、吊架的形式，然后根据管道的数量、重量、间距及吊架的间距，设计、制作管道支、吊架。

（3）根据载荷大小，管道支架可以设计成倒L形或三角形；管道吊架可以计成倒T字形或倒N字形。管道支、吊架各构件采用焊接或螺栓连接的方式组装在一起。

（4）支、吊架的管道支承面上应钻出U形螺栓的安装孔。孔的大小和间距按U形螺栓的规格和管子中心距确定。

（5）支、吊架的金属表面应喷涂红丹防锈底漆和灰色面漆（磁漆）。

（6）管道支、吊架可用膨胀螺栓和吊紧螺栓固定墙上和顶板上，也可焊接在墙和顶棚的钢骨架上。用螺栓固定时，支、吊架的安装面应事先钻出螺栓孔。

（7）直管道支、吊架的安装应保证管道轴线成一直线。

3）管路安装

（1）管道的排列顺序及各段管道的材料和规格见《医用气体管道系统图》《医用气体管道平面图》。粗管道应在支架的里侧，氧气管应在外侧。

（2）管道一般用U形螺栓固定在管道支、吊架上。小管道也可支承在大管道上。在金属管道与U形螺栓和支、吊架之间必须衬垫3～5mm厚的弹性绝缘材料（聚氯乙烯板或绝缘橡胶板）。管子不应卡得过紧，以使其在热胀冷缩时可以自由移动。

（3）管子的弯曲半径不应小于3.5倍管外径。氧气管的弯曲半径不应小于5倍管外径，且不允许采用有褶皱的弯头。

（4）不锈钢管、管件、阀门安装前必须经过脱脂处理，并吹扫干净。

（5）管道穿过楼板或墙壁时，必须加套管。套管内的管段不应有焊缝和接头。管子与套管的间隙应用不燃烧的软质材料填满。

（6）正压气体管道贴近热管道（温度超过40℃）时，应采取隔热措施。管道上方有电线、电缆时，管道应包裹绝缘材料或外套PVC管或绝缘胶管。

（7）管道上应设置试压、吹扫所需的临时接口。

（8）管子与管子、管子与阀门的连接方式：

①不锈钢管通过管接头相互连接时，不锈钢管与管接头之间的连接采用氩弧焊连接。

②吸引管道的总管与支管、支管与分支管的连接应为法兰连接或活接头连接。

③管子与阀门的连接方式见《管道与终端设备、阀门典型连接图》，吸引总管与公称直径大于DN50的球阀一般采用法兰连接。

（9）管道连接的注意事项：

①不论金属还是非金属焊接都应按相应的焊接工艺规程进行。焊后应进行目视检查，焊缝不允许有气孔、缩孔、裂纹、夹渣、凹坑、虚焊、漏焊、过烧等缺陷。检查不合格允许补焊，但不超过3次。

②公称直径D＜50mm的金属管，对焊缝间距不宜小于50mm。公称直径D＞50mm的管子，对焊缝间距不宜小于100mm。不宜在焊缝及其边缘开孔接管。焊缝距弯管的起弯点不宜小于100mm。

③管子的焊缝不能进入套管中，也不能处在管架的范围内。

（10）管道连接处，特别是可拆连接处应有良好的导电性，否则应用搭铁线或铜片连通。进入手术室的金属气体管道必须接地，接地电阻不应大于4Ω。

（11）使用C20微膨细石混凝土进行洞口封堵。

（12）洞口外部装修同给水排水工程拆改。

4）管道清理及封堵

（1）清理：将安装现场的垃圾、废料清理干净。设备、材料摆放整齐。

（2）洞口封堵：利用聚合物砂浆对空调水管下侧及左右两侧墙体抹平，管道下放2块柔性垫块，剩余空间使用C20微膨胀细石混凝土填充封堵。

8.4.4 电气工程拆改施工措施

8.4.4.1 桥架安装

桥架安装施工流程如下：

桥架走向定位 ➡ 支吊架制作、安装 ➡ 桥架安装 ➡ 桥架接地 ➡ 盖板安装 ➡ 孔洞封堵

1.桥架走向定位

（1）桥架由直线段和各种弯通组成，必须根据设计的初步走向，现场确定立体方位、走向和转弯角度，并测量和统计直线段、各种弯通和附件的规格和数量，提出采购计划。

（2）桥架定位设计时必须考虑动力电缆桥架与控制电缆桥架不要共用一个支架，如条件限制必须共用一个支架，动力电缆桥架与控制电缆桥架应分层敷设，不宜超过三层，控制电缆桥架应布置在上方，动力桥架在下方，必要时还要采取屏蔽措施。

（3）桥架定位时要注意直线段桥架跨越建筑物伸缩缝处时均应采用伸缩连接板。

（4）桥架支架层间距离，当设计无规定时，交联聚乙烯绝缘电缆为300mm，控制电缆为200mm，原则上层间净距不应小于两倍电缆外径加10mm。

（5）在设定走向时，要充分考虑其他专业水管、风管、弱电线管等的空间布局，充分利用有限空间，做到布局合理美观。

（6）经过深化设计图，桥架的分布进行弹线定位。对于桥架较密集的变配房，从地板上弹线，然后用红外线射灯定位投射到顶板来确定支架的固定点。其他部位从顶板上放线以确定支架的位置。

2.支吊架制作、安装

（1）支架形式为托臂式，截面形状类似于槽钢，长度为300mm。

（2）水平段安装桥架支、吊架的间距不大于1.5m；垂直段安装桥架支、吊架的间距不大于2m；距离三通、四通、弯头处，两端1m处应设置支、吊架。

（3）支、吊架安装时应测量拉线定位，确定其方位、高度和水平度。

3.桥架安装

（1）桥架在每个支、吊架上固定应牢固，固定螺栓应朝外。

（2）桥架穿过防火分区、楼板处，应采用防火填料封堵。

（3）桥架安装应平直整齐，水平或垂直安装允许偏差为其长度的2‰，全长允许偏差为20mm；桥架连接处牢固可靠，接口应平直、严密，桥架应齐全、平整、无翘角、外层无损伤。根据深化设计图，对各楼层的桥架的弯头、三通等配件进行编号，并将弱电与低压桥架进行标识。

（4）桥架敷设直线段长度超过30m时，以及跨越建筑结构缝时采用伸缩节，保证伸缩灵活。桥架之间的连接采用半圆头镀锌螺栓，且半圆头应在桥架内侧，接口应平整、无扭曲、凸起和凹陷。

（5）桥架转弯及分支处均选用成品配件，且弯头的弯曲半径根据桥架内敷设的最大电缆转弯半径来制定。

（6）桥架水平安装：为确保电缆的顺利敷设，水平安装桥架的顶部距顶板最小距离为200mm，采用共用支架的桥架各层之间的最小间距为150mm。

（7）由金属桥架引出的金属管线，接头处应用锁母固定。在电线或电缆引出的管口部位应安装塑料护口，避免出线口的电线或电缆遭受损伤。

4.桥架接地

电缆桥架系统应具有可靠的电气连接并接地，在伸缩缝或软连接处需采用编织铜带连接，桥架安装完毕后要对整个系统每段桥架之间跨接连接进行检查，确保相互电气连接良好，对其电气连接不好的地方应加装跨接铜板片，或采取全长或另敷设地干线，每段桥架与干线连接。

5.盖板安装

将安装好的桥架按对应的规格型号依次安装好桥架盖板，盖板与桥架间紧密结合无缝隙，盖板与盖板间应连续无缝隙。

6.孔洞封堵

穿墙桥架与洞口之间的空隙使用防火胶泥进行封堵，当洞口宽度不小于300mm时，需加设120mm×120mm双榀预制钢筋混凝土过梁，过梁端部距洞口边缘距离大于250mm。洞口外部需设置耐火隔板，隔板出洞距离不小于100mm（表8-25）。

电气工程拆改施工孔洞数量表 表8-25

序号	孔洞尺寸	数量（个）
1	400mm×300 mm	9
2	800 mm×400 mm	4
3	1000 mm×400 mm	1
4	1000 mm×700 mm	4
5	600 mm×300 mm	3

穿楼板桥架需在洞口边缘设置Z字形支架，洞口顶部设置一道耐火隔板，出洞距离不小于100mm，并使用自攻螺栓将耐火隔板与支架钉在一起，支架底部铺设一道耐火板或钢板，并使用矿棉或玻璃纤维填充洞口与桥架之间的空隙。桥架与耐火隔板以及支架上缘与楼板之间的空隙使用防火胶泥进行填充。具体做法见图8-71～图8-76：

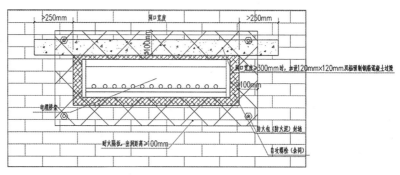

图8-71　桥架穿过墙体立面图

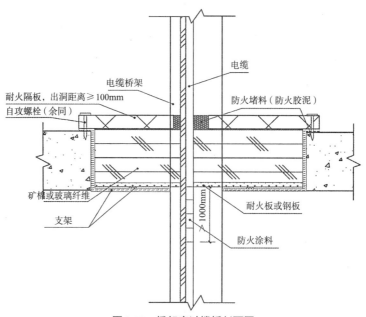

图8-72　桥架穿过楼板剖面图

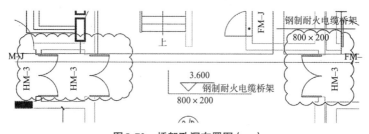

图8-73　桥架孔洞布置图（一）

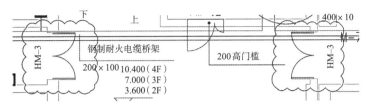

图8-74 桥架孔洞布置图（二）

 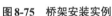

图8-75 桥架安装实例

图8-76 桥架安装模型

8.4.4.2 电缆线路安装

电缆线路安装施工流程如下：

施工前应详细检查电缆，规格、型号、电压等级均应符合设计要求，外观无扭曲。对1kV以下电缆，用1kV摇表摇测线间及对地的绝缘电阻，其值应不低于10MΩ。

电缆敷设要求如下：

（1）在桥架安装就位，经监理验收合格后，即敷设线缆。电缆敷设前应清扫桥架，检查桥架有无毛刺等可能划伤电缆的缺陷，并予以处理。按照设计要求，将需要敷设在该桥架中的电缆按顺序摆放，排列应整齐，不得交叉，可以无间距敷设。敷设时要按适当的间距加以固定，并且及时装设标志牌。桥架内电缆应在首端、尾端、转弯及每隔50m处设有标志牌。标志牌上应注明线路编号，无编号时，写明电缆型号、规格及起讫地点；字迹应清晰，不易脱落，规格要统一，能防腐，挂装应牢固。电缆在终端头和接头处要留出备用长度。

（2）电缆进入竖井、盘柜以及穿入管子时，出入口应封闭，管口应密封。明敷在竖井内带有麻护层的电缆，应剥除麻护层，并对其铠装加以防腐。

（3）电缆穿过竖井后，用防火枕进行密实封堵。利用结构施工期间在楼板底面预埋的埋件,来固定防火隔板,防火隔板采用4mm厚的钢板。防火枕的规格有三种,其中Ⅰ型为320mm×120mm×25mm,Ⅱ型为160mm×120mm×25mm,Ⅲ型为160mm×75mm×25mm,要根据预留洞口尺寸和桥架尺寸,选择防火枕型号。在防火隔板上摆放防火枕时,要按顺序摆放整齐,挨紧电缆,使防火枕与电缆之间空隙不得大于≤1cm²。穿墙洞防火枕摆放厚度≥24cm。

（4）施工前要将封堵部位清理干净。

（5）电缆敷设时弯曲半径应满足表8-26要求:

电缆弯曲半径要求（注:表中D为电缆外径） 表8-26

电缆形式	多芯	单芯
控制电缆	10D	
带钢铠护套聚氯乙烯绝缘电力电缆	20D	
聚氯乙烯绝缘电力电缆	10D	
交联聚乙烯绝缘电力电缆	15D	20D

8.4.4.3 管内穿线工程

1.作业条件

管内穿线应在配管工程配合土建结构施工完毕后进行。在穿线前应将管内积水和杂物清理干净。

按照施工规范要求,相线、零线及保护地线颜色应加以区分。A相（黄色）、B相（绿色）、C相（红色）、N线（淡蓝色）、PE线（黄绿双色线）。

2.施工工艺

穿带线时,采用Φ1.2mm的钢带线,将其头部弯成不封口的圆圈穿入管内。在管路较长或转弯较多时,可以在敷设管路的同时将带线一并穿好,缠绕5回剪断,把余线头折回压在缠绕线上。钢管在穿线前,应首先检查各个管口的护口是否齐全,如有遗漏或破损,应补齐和更换。管路较长或转弯较多时,要在穿线的同时往管内吹入适量的滑石粉。两人穿线时,应配合协调,一拉一送。同一交流回路的导线必须穿于同一导管内。不同回路、不同电压的导线,不得穿入同一管内,导线应留有一定的余量。穿入管内的绝缘导线,不准接头、局部破损及死弯。导线外径总截面不应超过管内面积的40%。

3.绝缘测试

在导线做电气连接时,必须在接线后,加焊、包缠绝缘层。穿线完毕后,用1000V兆欧表对动力线路的干线和支线的绝缘电阻进行摇测。用500V兆欧表对照明线路的干线和支线的绝缘电阻进行遥测。在电气器具、设备未安装接线前摇测一次，在其安装接线后送电前再摇测一次，确认绝缘电阻值符合施工验收规范要求后再进行送电试运行。照明线路绝缘电阻值不小于0.5MΩ，动力线路绝缘电阻不小于1MΩ。

8.4.4.4 配电箱、柜安装工程

1.本工程配电箱为明装，明配管采用下开孔进线方式

箱体与钢管之间采用铜线和跨接地线。镀锌钢管采用专用抱卡连接。在配电箱内接地线压接在PE母线端子上。不得从箱体接地保护端子上串接。

配电箱应有明显可靠的接地，带有器具的铁制盘面和装有器具的门，均应有明显可靠的裸铜编织线作接地保护线。配电箱内的PE线不得串接。

与配电箱连接的明配管采用管卡固定，并且在距地200mm处应有一处固定点，在距入箱200mm处也应有一处固定点，管卡应与管径匹配。

配电箱上电具、仪表应牢固、平正、整洁，间距均匀，钢端子无松动，启闭灵活，零部件齐全。配电箱安装应牢固、平正，其垂直度允许偏差为3mm。

2.配电柜安装

低压配电系统的接地型式为TN—S系统，按设计要求，PE线与N线端子排在配电柜内利用软铜编织线相连，由室外引进的PE干线应与PE端子排和配电室内的总等电位端子箱可靠连接，接地做法参见《建筑电气通用图集》92DQ13。

1）工艺流程

配电柜安装工艺流程如下：

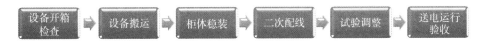

2）开箱检查

按照设备清单、施工图纸及设备技术资料，核对设备本体及附件的规格型号应符合设计图纸要求；附件、备件齐全；产品合格证件、技术资料、说明书齐全；外观无损伤及变形，油漆完整；柜内电器装置及元件、器件齐全有效，无损伤；做好检查记录。

3.配电柜基础做法

配电柜基础台不低于100mm，本工程要求台高为200mm，底板留沟深度为200mm。按照设计图位置柜下设电缆沟，在配电柜基础台上预埋10号槽钢，槽钢上打好长螺栓孔，并与PE干线可靠连接。预埋10号槽钢时必须利用水平尺和角尺找平找正（基础型钢预制加工好，要刷好防腐漆，用膨胀螺栓固定在所安装

位置的混凝土楼面上）。

4.柜体稳装

将柜按顺序（注意光、力柜的顺序）放在基础型钢上，找平找正，柜体与基础型钢固定，柜体与柜体、柜体与侧挡板均用镀锌螺丝连接。

5.二次配线

逐台检查柜上电气元件与原理图是否相符。按图敷设柜与柜之间、柜与现场操作按钮之间的控制连接线，控制线校线后，将每根芯线连接在端子板上，一般一个端子压一根线，最多不能超过两根，多股线应涮锡，不准有断股。导线盘圈时注意盘圈方向，盘圈角度须达到360°。

6.试验调整

将所用的接线端子螺丝再紧一次，用1000V摇表在端子处测试各回路绝缘电阻，其值必须大于0.5MΩ。将正式电源进线电缆拆掉，接上临时电源，按图纸要求，试验控制、连锁、操作、继电保护和信号动作，正确无误，可靠灵敏，完成后拆除临时电源，将正式电源复位。

7.送电运行验收

在安装作业全部完毕，质量检查部门检查全部合格后，按程序送电，测量三相电压是否正常。

8.配电柜的安装应符合下列要求

柜体与基础型钢间连接紧密，固定牢靠，接地可靠；柜间接缝平整；盘面标志牌、标志框齐全、正确并清晰，油漆完整均匀，盘面清洁；柜内设备完整齐全，固定可靠，操作灵活准确，二次接线排列整齐，接线正确，固定牢靠；标志清晰、齐全；接地线截面选择正确，需防腐的支架部位涂漆均匀无遗漏，线路走向合理，单线系统图正确、清晰。柜体、框架的接地应良好。

8.4.4.5 灯具、开关、插座安装

灯具、开关、插座安装前，先将接线盒内的杂物清理干净并且刷防锈漆。

1）吸顶日光灯及壁灯、壁装应急灯安装

吸顶日光灯及壁灯、壁装应急灯安装应先按设计图确定灯位，将灯具贴紧建筑表面，灯箱应完全遮盖住灯头盒，对着灯头盒的位置，开好进线孔，将电线甩入灯箱，在进线孔处应套上塑料管以保护导线。在灯箱两端使用胀管螺栓加以固定，灯箱固定好后，将电源线压入灯箱内的端子板上，把灯具反光板固定在灯箱上，并把灯箱调整顺直，将灯管上好。

2）吊链式日光灯安装

吊链式日光灯安装应根据灯具的安装高度，将全部吊链编好，把吊链挂在灯箱挂钩上，并且固定在建筑物顶棚上安装的塑料圆台上，将导线依顺序编叉在吊链内，并引入灯箱，在灯箱的进线孔处应套上塑料管以保护导线，压入灯箱内的端子板内。将灯具导线和灯头盒中甩出的电源线连接，并用粘塑料带和黑胶布分层包扎紧密。理顺接头扣于吊盒内，吊盒的中心应与塑料（木）台的中心对正，用木螺丝将其拧牢。将灯具的反光板用机螺丝固定在灯箱上，调整好灯脚，最后将灯管装好。

3）应急灯具安装

各种标志灯的指示方向正确无误，应急灯必须灵敏可靠，事故照明灯应有特殊标志。应急照明灯具的运行温度大于60℃时，不应直接安装在可燃装修材料或可燃物体上；靠近可燃物时，应采取隔热、散热等措施。应急照明线路在每个防火分区应有独立的应急照明回路，穿越不同防火分区的线路有隔堵措施。

4）开关安装规定

安装开关的面板应紧贴墙面，四周无缝隙，安装牢固，表面光滑整洁，无破碎、划伤，装饰帽齐全。翘板开关距地面的高度为1.3m，距门口为150～200mm；开关不得置于单扇门后。开关的位置应与控制灯位相对应，同场所内开关方向应一致。相同型号成排安装的开关高度应一致，且控制有序不错位。

5）插座安装规定

暗装插座距地面不低于300mm。同一室内安装的插座高低差不应大于3mm；成排安装的插座安装高度一致。暗装的插座应有专用盒，面板应端正严密、与墙面平整。

当开关、插座接线时应注意把护口带好。开关、插座面板已上好，盒子深度超过20～25mm时，应加接套盒。

6）通电试运行

灯具安装完毕后，经绝缘测试检查合格后，方允许通电试运行，通电后应仔细检查和巡视，检查灯具的控制是否灵活、准确，开关与灯具控制顺序是否对应，灯具有无异常噪声，如发现问题立即断电，查出原因并修复。

8.4.4.6 紫外线灯的安装及使用方法

在护士站设置开关分别对病房的紫外线灯进行控制，每一联开关控制一个房间的紫外线灯具（图8-77），线路沿电力线槽敷设，开关做好明显标识，每联开关做好病房号标记。

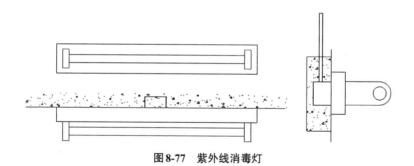

图8-77　紫外线消毒灯

紫外线杀菌在使用过程中受诸多因素的影响，特别是灯管辐射强度低及应用不当会影响消毒灭菌效果。为了保证满意的消毒效果，在使用中我们主要实施以下监测和管理措施：

1）灯管的辐射强度

紫外线辐射强度是影响消毒效果的最基本的因素，按照《消毒技术规范》规定的要求，新紫外线灯管辐射强度应大于 $100\mu W/cm^2$（距离1m处）为合格，正在使用中的灯管辐射强度最低应达到 $70\mu W/cm^2$ 才可使用，但必须延长照射时间。依据紫外线照射剂量等于辐射强度乘以照射时间的公式可求出不同强度所需延长照射时间，亦可看出高强度短时间或低强度长时间均能获得同样的灭菌效果。若紫外线光源的强度低于 $40\mu W/cm^2$，则再延长照射时间也不能起到满意的杀菌作用，即应停止使用。不要认为紫外线灯管只要亮着就还有杀菌作用。

2）灯管安装数量

按照国家卫生部颁布的《消毒技术规范》第三版第二分册《医院消毒规范》规定，室内悬吊式紫外线消毒灯安装数量（30W紫外线灯，在垂直1m处辐射强度高于 $70\mu W/cm^2$）为平均每 m^2 不少于1.5W，并且要求分布均匀、吊装高度距离地面 $1.8\sim2.2m$，使得人的呼吸带处于有效照射范围。连续照射不少于30分钟，紫外线的辐射强度与辐射距离成反比，悬挂太高，影响灭菌效果。如果是物体表面消毒，灯管距照射表面应以1m为宜，杀菌才有效。

3）环境温度

环境温度对紫外线辐射强度有一定的影响，温度过高或过低都会使辐射强度降低，如温度下降到4℃时，辐射强度则可下降65%～80%，严重影响杀菌效果。一般以室温20～40℃为紫外线消毒的适宜温度，在此温度范围内紫外线辐射的强度最大且稳定，能到达理想的消毒效果。

4）相对湿度

相对湿度高，紫外线辐射穿透细胞减少。有关文献介绍，相对湿度在55%～

60%时，紫外线对微生物的杀菌率最强；相对湿度在60%～70%以上时，微生物对紫外线的敏感率降低；相对湿度在80%以上甚至反而对微生物有激活作用，可使杀菌力下降30%～40%。刚刚湿拖地和擦桌面后立即进行紫外线消毒，会使室内湿度增大，影响消毒效果。因此，使用紫外线消毒时室内要保持清洁、干燥。

5）防止紫外线辐射损伤

主要防止紫外线对眼睛、面部暴露皮肤的辐射损伤，不可直视灯管以防引起结膜炎。不得使紫外线光源直接照射到人，以防皮肤产生红斑。紫外线可放出臭氧，臭氧过多可使人中毒，在有人工作环境中，抽样的浓度不得超过0.3mg/m³。应在房间无人情况下进行紫外线照射。进行辐射强度监测时，用热值的辐射强度检测工具尺，背对光源进行观察，也可用普通玻璃或墨镜作为防护面罩，防护镜保护眼睛和面部皮肤。

6）灯管定期保洁

紫外线灯管表面的灰尘和油垢，会阻碍紫外线的穿透，使用中应注意灯管的擦拭与保洁，新灯管使用前，可先用75%酒精棉球擦拭，使用过程中一般每2周擦拭一次。发现灯管表面由灰尘、油污时，应随时擦拭，保持灯管的洁净和透明，以免影响紫外线的穿透及辐射强度。

7）加强紫外线灯管辐射强度的监测

对使用中的紫外线灯应每3～6个月用紫外线辐射照度仪做一次强度检测，发现强度不合格的灯管要及时更换。紫外线辐射照度仪每年做一次计量标定，以确保准确性。监测时，必须按照《消毒技术规范》中的测定条件，电压220V温度20℃以上，相对湿度小于60%，以开灯5分钟后的稳定强度为紫外线杀菌灯的辐射强度。也可用紫外线辐射强度化学指示卡测定，将指示卡距灯管1m处照射1分钟，光敏涂料由白色变成紫红色，与标准色块相比，便可知灯管辐射强度。

8.4.4.7 应急电源

为满足通风等系统供电的可靠性，在本工程室外设置一套室外箱式柴油发电机组作为自备应急电源，常用功率为1200kW。由此柴油发电机组配出的低压电缆引至箱式变电站的低压配电系统，经切换后配出低压电缆至本楼内各低压配电柜。

当市电停电或变电所内变压器故障时，从低压进线配电柜进线开关前端取柴油发电机的延时启动信号至柴油发电机组，信号延时0～10秒（可调）自动启动柴油发电机组，柴油发电机组15秒内达到额定转速、电压、频率后，投入额定负载运行。柴油发电机的相序,必须与原供电系统的相序一致。当市电恢复30~60秒(可调)后,自动恢复市电供电,柴油发电机组经冷却延时后,自动停机。

柴油发电机组为风冷型,机组为应急自启动型,应急启动电源切换装置及相关设备由厂家成套供货。

8.4.4.8 电气系统调试及照明试运行

联合试运转前,对每个系统、每个单元回路进行单机调试。具体方法:用临时电源引入末端保护箱,检查电压是否正常,合上保护开关进行运行,观察各用电负载是否正常工作。按此方法对各单元电路及单机进行调试,观察各用电负载全部正常工作后,申请进行正常的变配电系统调试,结束后将各种技术数据及质检合格证明,报请监理、甲方做联合调试。联合调试时应先将所有负荷开关全部关断,先送总电源,正常后,即可分路调试,对每个系统逐一调试,照明系统做全负荷运行。

8.5 安全管理

8.5.1 施工安全管理重点

本工程建设周期短、任务重,加上施工现场狭窄,使用材料种类繁多、作业人员密集,各专业交叉施工复杂,致使施工作业难度极大。现场十几家分包单位同时施工,各类工序穿插紧密,由于工期紧作业面转换十分迅速,施工中重大危险源存在集中爆发的风险,项目整体安全生产管理难度加大。项目从安全架构、体系运行、管理措施等方面精准发力,严格防控,保障沈阳市第六人民医院隔离病房新建及改建一期工程建设安全平稳。改造及新建区域详见图8-78。

8.5.2 项目部组织架构

总指挥部迅速组织安全管理体系建设,明确体系内各岗位职责。现场迅速组织人员调配,共组织120余名现场和后勤管理人员的配备。人员入场后,立即进行预案研讨,制定了区域负责制及领导班子带班检查等一系列措施,严控现场安全行为。区域负责人全权负责所辖片区的一切安全行为管理,为减小流程的复杂程度,上级人员对各区域进行巡查时所发现的隐患可直接安排现场进行整改,无需逐级下达指令。项目经理每日指派各单位安全组将安全监管重点在工作群中公示并于当日工作中严加管控。指挥部成立以公司董事长为总指挥,公司总经理为

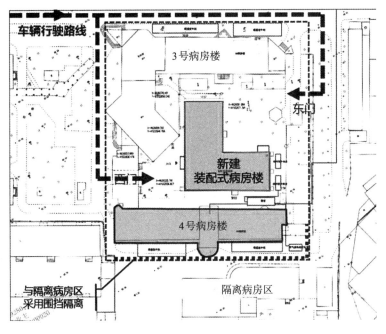

图8-78 改造病房及新建病房平面示意图

执行总指挥，公司生产副总经理为副总指挥，公司总工程师为技术负责人的管理团队，保证工程按时交付并满足政府及业主工期、质量、安全及功能等各项要求，组织架构详见图8-79。

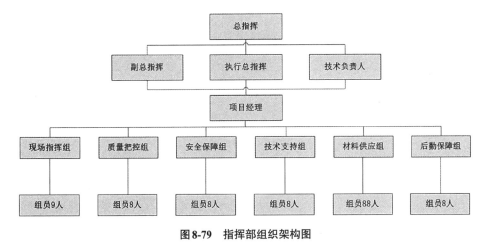

图8-79 指挥部组织架构图

8.5.3 主要危险源分析防控

本工程工期极短，又处于冬季最低温期间，工期紧，项目改造工程施工计划以小时计算，人员流动频繁，各类工序交叉作业使触电、机械伤害、高空坠物等事故发生率大大提高（图8-80）。项目部严格要求所有管理人员熟悉工程进度计划，详细了解各施工流程及工序安排，细部分析安全危险因素。根据危险源发生概率的高低，对交叉作业、转移物资、专人看守危险源、实时控制人员危险操作等问题实施管控。在安全管控措施、安全防护、机械设施检查等在工序作业前，做到交底到位，布置到位（表8-27）。

图8-80　现场各工序施工图

主要危险因素及安全管控措施与防护要求　　　　　　　　　　　　　　表8-27

序号	重大危险源	可能发生位置	管控措施	安全防护要求
1	触电	现场用电、夜间施工用电、现场使用手持电动工具、焊机等	检查和操作人员必须按规定穿戴防触电绝缘胶鞋，绝缘手套，必须使用电工专用绝缘工具	施工机械、车辆及人员与线路保持安全距离，达不到规定的最小安全距离时必须采用可靠的防护措施
2	高空坠落	临时操作平台、施工预留孔洞、高处作业等	使用前检查吊车稳定性；作业前对吊装人员进行安全技术交底，指定专职吊装指挥人员配置全新吊索具，采用四点吊带吊装，加强过程检查更换；四点板面拼装，每处安装不少于两人作业	统一设置吊车钢板垫块；二层墙板安装前临边设置两道警戒隔离带；板面拼装使用塑钢防滑人字梯
3	物体打击	施工通道、交叉作业下方、吊运设备下方、建筑物下方等		
4	屋面防水	人员通道不稳定导致的坠落风险；临边作业坠落风险	加强梯子牢固性检查，临边作业时间管控	采用木梯、铝合金梯子，并做防滑移固定，临边作业人员挂系安全带

序号	重大危险源	可能发生位置	管控措施	安全防护要求
5	机械伤害	吊运设备使用，小型机械使用	作业前对吊装人员进行安全技术交底	指定专职吊装指挥人员，配置全新吊索具，采用四点吊带吊装，加强过程检查更换
6	火灾	木工车间、材料库房、装修阶段、油工库房、施工现场作业点、电焊作业	24小时专人不间断安全监管；配置充足灭火设施	设置安全警戒隔离区
7	高空作业（通风口安装）	支架焊接火灾风险，二层风管安装作业高空坠落风险	动火作业告知，设置动火监护人，作业前清理周围易燃物；对风管安装人员安全技术交底	动火点配备灭火器，高空作业挂系安全带
8	室内管线桥架搭设安装	室内支架焊接，火灾风险；室内管线安装作业，摔伤风险	动火作业告知，设置动火监护人，作业前清理周围易燃物；对管线安装人员进行安全技术交底	室内高空电焊使用简易铁皮接火斗，室内地面电焊布置灭火毯，管线高空安装使用塑钢防滑人字梯
9	室内施工孔洞密封	高空作业坠落风险	对密封胶施工人员进行安全技术交底，加强过程安全巡查	高空作业使用塑钢，防滑人字梯

8.5.4 一对一式安全管理

为保证改造项目的安全生产，完成整体工期目标，指挥部成立后，首先对项目总包管分包、分包管班组、班组管工人的管理模式进行了改革，摒弃常规项目的管理流程，制定出了疫情期间的专项管理模式。各单位所有专职安全管理人员直接下现场对接班组、施工一线工人，全天候驻扎施工现场，24小时不间断开展现场安全巡查、纠正、修改，并以生命至上、安全运营第一为理念来开展施工区域内安全管理工作。现场管理详见图8-81。

8.5.5 重点风险源监管防控

本工程改造过程中，因材料进场量较大，场区内可堆放材料的场地较为狭小，各类材料集中堆放在施工区域内，其中易燃材料占比50%以上，施工区域内明火（乙炔）切割、焊接作业，距离施工作业区15m处，存在医疗易爆高氧设备的库房，施工环境极度复杂，导致现场消防安全成为本项目最大风险源。

项目指挥部针对火灾风险源做出以下两点管控措施：

图8-81 现场施工一对一式管理图

1.加强现场施工操作人员施工安全教育

施工人员进场后，项目部安全员一对一式进行安全教育，说明现场存在的消防安全隐患，警示全体施工作业人员加强消防安全意识。施工现场安全员手提扩音喇叭流动喊话、警示，对防火防爆知识进行宣贯教育，在现场明火施工区域安排专人进行消防安全全过程旁站监督，严禁现场人员在施工区域吸烟。在每个施工区域挂设消防安全责任牌，注明材料名称、责任人及联系方式，同时针对医疗制氧设备设置24小时值班人员看管，严禁在制氧设备10m范围内动火，现场防控详见图8-82。

图8-82 现场施工危险源防控管理图

2.现场施工遗留易燃物品处理

制定工完场清制度，施工区域内各班组施工完成后，需立即清理施工所剩材料及垃圾,所有班组遵照清理制度实施,百分百达到易燃废料随施工随清理,绝不在施工现场堆积易燃废料,在施工区域内的施工通道、安全进出口、焊接动火点、材料堆放点等处配备足够的灭火器材。

8.6 质量管理

项目因工期紧、任务重,施工进度与质量保证已成重要矛盾点。指挥部建立质量管理体系,管理人员直管到各班组施工作业人员,对各道工序的施工无死角管理,确保每道施工工序、每个节点的过程监督,发现质量问题立即纠错整改,充分发挥各级管理人员的能力。

根据质量验收标准,对项目进行整体质量管理策划,着重强调工程质量一次成优。施工前,将方案的做法、质量验收要求交底到每一位在场的施工人员,让每一位作业人员都详细了解各工序的做法及标准。各单位所有专职质量管理人员直接下现场对接班组、施工一线工人,24小时不间断开展现场质量巡查、纠正、交底,并以质量第一为理念来开展施工区域内质量管理工作,保证每个工序、每个节点都监督到位,一次成优。对于施工中的管控难点,通过技术创新、优化施工方案等方式,确保工程一次验收通过。在工期紧张的前提下,更要稳扎稳打,质量不妥协,发现立即整改,避免由于赶工期造成粗活、返工的情况出现。

8.6.1 工程施工质量要求

由于本次新型冠状病毒传染性极高,为确保隔离病房的密闭性,工程质量尤为重要,拆改4号负压隔离病房楼密闭性、每个分区压力梯度控制、负压病房内的空气排风过滤、病房内所使用的污水排放处理、隔离医院内场地雨雪融化防污染、24小时不间断强电供应、弱电信息化等工序的施工质量要求极高。

新建装配式应急病房选用集装箱式板房拼装而成,板房基础深化后用型钢代替混凝土基础,施工时考虑型钢基础平整度,板房需提前根据设计图纸做好预留预埋孔洞,现场进行拼装要做到精准超平,保证板房之间拼接缝的密闭性。管道安装必须做密封处理,卫生间、洗漱台等潮湿部位做好防水处理,明敷管道安装固定牢固,外漏连接构件及螺栓要做防锈处理,各专业系统交叉施工频繁,每一道工序均需进行质量验收并做好记录。此次改造新冠病毒传染病医院重要质量把控点为:

(1)4号负压隔离病房楼改造及新建装配式板房的市政配套设施齐备齐全、

病房医疗污水不得直接排放至市政管道，需集中进行消杀处理。

（2）在改造病房期间，进一步扩建地下管线时，参考原有的医院外网施工图与改造工程地下管线标高进行比较，确保避开原有院区的地下设备及管线。

（3）病房的功能分区应严格按照传染病医院的要求进行布局，并根据疾病防控特性进一步细化。

（4）流线组织应严格执行医患双通道，医护人员与病人、清洁物资和污染物品应有各自的独立出入口和流经线路，应按照设计单向流程进行施工。

（5）选用的装配式钢结构箱式房应按照集成设计原则，为确保工期目标，建筑、结构、给水排水、暖通空调、电气和智能化等专业之间进行合理的交叉施工。

（6）装配式钢结构箱式房屋的保温构造应做好冷桥处理，保温材料的厚度和质量应达到国家现行规范规定的节能保温设计要求。

（7）顶棚、楼（地）面和墙面材料应选用耐擦洗、难积污、易清洗、耐腐蚀的材料，患者使用房间及通行的楼地面应采用防滑材料铺装。

（8）卫生洁具、洗涤池等建筑配件应选用耐腐蚀、难沾污、易清洁的产品。

（9）负压隔离病房墙面、地面及天棚以及门窗应选择无缝隙、气密性好的产品材料。

（10）污染区和半污染区应选择不含刺激性挥发物、耐老化、耐腐蚀的中性材料密封胶，并宜选择有抑菌性能的密封胶。

（11）淋浴间和卫生间等用水房间应增加防水排水及地面找坡。设置地漏或排水沟的房间，排水坡度应符合设计要求，当设计无要求时，不应小于0.5%。

（12）污染区和半污染区所有墙面、顶棚的缝隙和孔洞都应填实密封。有压差要求的房间在合适位置预留测压孔，其孔径应与所配的压力表孔径一致，测压孔未使用时设置密封措施。

（13）应尽可能采用周边现有给水管道系统，供水系统宜采用断流水箱加水泵的给水方式。

（14）水泵供水管道上应设置紫外线消毒设备。

（15）改造项目装配式病房分污染区、半洁区、缓冲区及病房区四个区域，各区域之间密封要求极高，防止因密封性不足而导致医院医护人员被感染。密封性关系到病房内的医护人员的生命安全，各区域之间的密封起到至关重要的作用，所有病房内必须做到空调及排风系统安装完善。病房外安装符合国家资质要求厂家生产的高效过滤器，以便将病房内空气过滤后外排，防止病房内部空气直接外排而导致周围居民及其他医护人员感染。病房内铺设PE膜，阻断污水渗透到其他区域,病房排污不得与公用市政管道连接,必须设置独立排污井,排污井工序完成后搭设围挡做警示牌,并密封排污井井盖。

(16)病房区内的消防疏散门应保证医护人员在火灾、地震等其他紧急情况时不需使用钥匙等任何工具即能从内部打开,并应在显著位置设置标识和使用提示。病房每一个疏散通道必须设置无障碍坡道,病房区域内的走廊、楼梯、病房门、疏散门等必须符合公共建筑规范,并满足病房正常使用需求(图8-83)。

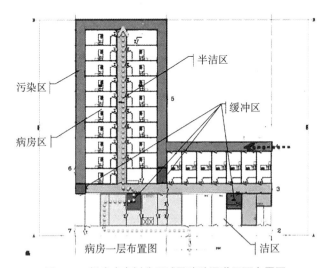

图8-83　新建病房划分区域及消防通道平面布置图

(17)在施工前,需对现场施工人员进行质量保证交底,在工序完成后完善成品保护措施,除消防通道以外的其他病房、仓房等部位,在验收通过后,全部上锁保护,管理人员定时巡逻上锁部位,防止人为破坏,并加强对工人成品保护的教育工作,成品保护意识落实到每一个在场施工的人员。严格执行成品保护的检查制度、交叉施工至成品保护区时施工人员必须告知管理人员,并在管理人员的监督下进行下一道工序的施工,工序完工后必须清洁干净。

8.6.2　工程质量控制难点

本工程在施工期间,质量控制难点主要有两个方面:

第一,传染病医院改造工程用途特殊,对工程质量控制要求高;

第二,交付工期极短,为确保项目顺利交付投入使用需全程旁站监督,做好质量过程把控,确保一次成优。

1.病房的密闭性要求高

本工程设计平面布局的基本要求是三区两通道,三区是指清洁区、半污染区和污染区，两通道是指医务人员通道和病人通道，医院建筑平面在分区划分时考虑到医务人员要有自己的清洁工作区和对应的连续通道，在清洁区与病房单元之间是半污染区，即医护人员和病房接触的过渡段，医护人员的很多工作都在半污染区里完成。病人通道在每个护理单元的外侧。病人通道与医护人员的通道是各自独立的，以确保医护人员不被感染。想要保证医护人员通道及隔离病房的密闭性和负压病房、分区气压差的通风系统功能实现，对于4号负压隔离病房楼改造及新建集装箱式板房的所有孔洞施工缝隙进行打胶塞缝达到病房形成密闭空间，病房内给水排水管道穿越楼板及隔墙处应采用不收缩、不燃烧、不起尘材料密封，保证每个病房之间的密封性，防止病房之间的空气流通。负压手术室及负压隔离病房的空调设备监控应具有监视手术室及负压隔离病房与相邻室压差的功能，当压差失调时应能声光报警。病房内送风末端过滤器和框架之间采用密封垫密封、负压密封、液槽密封、双环密封和动态气流密封等方法时，都应将填料表面、过滤器边框表面和框架表面及液槽擦拭干净。不得在高效过滤器边框与框架之间直接涂密封胶。整个病房密闭性成为改造工作的重难点。

2. 空调送风排风进行高效过滤防止交叉感染

病房内医疗设施应设置机械通风系统。机械送、排风系统应按污染区、半污染区、清洁区分别设置。清洁区的机械送风系统最低应经粗效、中效两级过滤；半污染区、污染区的机械送风系统最低应经粗效、中效、亚高效三级过滤。新风机组应设在清洁区。送风系统取风口不宜设置在排风系统的排出口建筑的同一侧，并应保持安全距离。排除有污染性气体的机械排风系统应经高效过滤处理。排风系统的排出口不应临近人员活动区，排气宜高空排放是质量管理的重点。

3. 改造病房新设管线铺设

改造项目4号负压隔离病房楼及新建装配式板房涉及新建管道铺设，管道埋地部分涉及原有管道部位进行开挖工序。此次改建管线埋设需在冻土层以下进行敷设，但由于现场4号负压隔离病房楼供热管线原有管道密集交叉，新增管线无法埋到冻土层以下，对应此问题，施工时在不破坏原有管线正常使用功能下，在管线上部开挖坑槽，放坡铺设管线并对埋设于冻层内的管线进行保温防冻处理。冻层内的管线保温防冻处理为施工质量管理重点。

4. 污水收集及处理排放

4号负压隔离病房楼及新建装配式板房外排的污、废水及病房空调冷凝水应集中收集，采用预消毒工艺处理后，排入化粪池，消杀处理后与废水一同进入医院污水处理站，并应采用二级生化处理后再排入城市污水管道。确保病房污染区排水进行生化处理后再进行市政排水是施工质量管理的重点。

5. 中压电源四路不间断供电

病房供电电源：除市政引来的两路独立10kV中压电源（双重电源）外，还需设柴油发电机组作为自备应急电源。柴油发电机组可选择采用室外箱式柴油发电机组。柴油发电机组电源宜在项目内的低压配电室投切，不宜在箱式变电站内投切。配电箱、配电主干路等不应设置在患者活动区域内；进出、穿越患者活动区域的线缆保护管口应采用不燃材料密封。在突发断电情况时，备用电源柴油发电机如何能够快速切换电源，确保病房正常供电，是电气系统施工质量管理的重点。

6. 多项工序穿插施工质量管理难度大

改造项目包括结构、建筑、装修、机电、市政给排水、环保、医疗等多个专业，穿插工序繁多，各工序之间紧密关联，容易发生工序工艺相互影响的问题。

7. 竣工交付时间短质量管理难度大

在最短的时间内领会隔离病医院的设计意图和使用功能，是保证医院工程质量的关键。新冠病毒爆发于春节假期期间，属于冬期施工，施工人员及机械降效，改造项目在寒冬又涉及湿作业，工程质量把控难度大，在沈阳最低温达到-20℃条件下，工人施工作业效率低、工期紧、任务重。

8.6.3 质量管理体系

项目施工前，指挥部迅速组织挑选公司相关部门、对口专业的精兵强将、业务骨干人员，建立一支斗志高、实力强、活力旺、有进取心、敢拼敢干、不怕艰苦、精诚团结的质量管理团队，实施施工现场质量把控，加强项目管理团队工期意识，深化快速建造管理理念。人尽其才，众志成城，充分发挥各级管理人员的管理能力，保证每个施工节点工序过程中施工质量把控到极致，保证工程在交付后，病房各项功能的正常使用。现场质量管理人员做到同作息把控，即工人在哪里施工，管理人员就在哪里全过程监督，与施工人员步伐一致，不怕艰苦但绝对不允许忙中出错。整个改造项目共计委派经验丰富的骨干力量70余人，其中质量组专班8人，负责巡检和验收交付工作。现场实行日夜两班倒，24小时管理全覆盖，两班人员之间做到有交接，保证工作连续。

8.6.4 进场材料监督管理

改造项目为新冠病毒治疗防控改造建立，又处于春节特殊时期，工程的施工时间紧、任务量大，所以对进场材料有着极高的要求，如果用于结构的材料出现质量问题，这将会影响整个结构的安全及使用功能。为确保材料符合验收标准，指挥部下达指令，所有进场材料必须做到全数核查，绝不因材料质量问题而耽误工期。项目部组织各部门成立进场材料验收小队，进行材料入场验收工作，保证进场材料的质量。

8.6.5 现场施工过程监管

现场质量管理人员全程巡视每个施工区域，巡检过程中验收检查施工部位，并建立验收巡检表格，详细记录巡检区域、巡检部位、施工工序、记录过程检查验收中存在的问题、是否整改完成等，以便施工完成后进行质量验收。各项工序施工完成自检通过后上报监理工程师验收签字，记录验收过程影像资料一并留存（图8-84）。

图8-84　新建病房及改造病房施工过程验收图

8.6.6 施工工序验收

项目部针对改造工程，摒弃以往常规验收方式，建立实时监督旁站制度，质量管理必须做到每一道工序、每个节点的施工过程中有人监督，保证一次成优，无论工程量大小，有问题及时修正，保证每一个节点在质量过关的前提下，提前完工交付下一道工序（图8-85）。

图8-85　新建病房及改造病房工序验收图

8.6.7 隐蔽工程验收

隐蔽工程是所有后期将被掩盖的工序，一旦出现质量问题，需要返工，将会对工程进度造成极大影响。此次4号负压隔离病房楼改造、装配式板房均涉及暖气改造、水电改造，同时也涉及门窗、走廊通道等工序。因此，指挥部要求对隐蔽工程加大管控力度，对每一项隐蔽工程从开始到结束都严格把关，现场质量管理人员24小时不间断全覆盖式管控，施工的每一道工序全程见证并留存影像资料，在验收合格通过后再进行下一道工序的施工，所有管理人员精神高度集中，全力以赴进行管控，将隐蔽工程质量把控提升到了前所未有的高度（图8-86）。

图8-86　新建病房及改造病房隐蔽验收图

8.6.8 工程验收基本要求

（1）针对改造项目中涉及的所有施工工序，如排风、排水、供水、消防、供电、照明、空调等，各项功能系统满足病房配置且各项设备可以达到使用功能，针对隔离病房、缓冲间、独立卫生间、护士站、走廊等污染区域内和半洁区域内的密封性，验收必须达到百分百负压标准，如有欠缺，在病房验收前必须保证整改完成。

（2）在进行验收之前必须保证施工区域内的施工产生的墙灰，砖渣，淤泥，套线管，线头，密封胶管等垃圾清理干净后立刻清运至病房外，严禁堆放至病房内或者走廊内。

8.6.9 工程验收与移交

改造工程施工进入尾声后，指挥部组织进行研讨交付注意事项，同政府部门、建设单位、设计单位、施工单位、设备供应单位及工程质量监督部门共同进行交付验收。验收最终目的为该项目竣工后是否满足设计要求，对设备安装质量进行全面检验是否达到传染病医院相关要求，确保全员明确验收目标。验收合格后取得竣工合格资料、数据和凭证。

8.6.10 工程验收组织

（1）分部（项）工程验收由施工单位提出申请，监理单位组织，会同设计、施工、勘察（基础）、质监站、建设单位共同验收。

（2）竣工验收由建设单位组织，上述单位共同参与。

（3）分部工程包括：土方开挖工程、基础工程、主体结构工程、装饰工程、屋面防水工程、安装工程。

（4）分部验收条件：①所含分项工程质量均应合格；②质量控制资料应完整；③分部工程中有关结构安全与功能的检测结果应符合设计及有关规定；④观感质量应符合要求。

8.6.11 工程验收内容

沈阳第六人民医院改造工程情况特殊，工程并未按照以往常规项目的十大分部工程验收流程验收，项目部制定了"先完成的专业，先验收"的工作思路，以加快工程验收进度，改造工程总共分9个专业进行验收：①医疗气体专业；②电气专业；③暖通空调专业；④给水排水专业；⑤建筑专业；⑥智能化；⑦弱电专业；⑧结构专业；⑨污水处理系统。

第九章

应急工程EPC防疫管理

应急医院工程除了具有应急工程的特点外，还需要额外重视疫情防控，针对应急医院工程施工，特提出以下总体指导原则：

（1）加强员工的宣传教育，对进出场人员进行严格管理。

（2）建立应急响应机制，做好防疫物资发放及后期储备、工作空间划分、日常消杀工作等。

（3）建立封闭式管理制度，合理利用信息化通信及技术手段，防止交叉感染。

9.1 建立健全防疫防控体系

2021年1月25日，辽宁省决定启动重大突发公共卫生事件Ⅰ级响应。中建二局北方公司应沈阳市及上级单位要求，对沈阳市第六人民医院隔离病房新建及改建一期项目进行施工。为切实贯彻落实党中央关于新型冠状病毒感染肺炎疫情防控工作的重要决策部署，北方公司党委高度重视，第一时间成立以董事长为组长的防疫防控领导小组，针对本次新型冠状病毒肺炎高发期传染性强的疫情特点，就进一步做好疫情防控工作进行了再动员再部署，成立项目防疫防控工作小组，建立以下防疫防控制度（图9-1）：

（1）体温检测制度：项目防疫防控工作小组负责测量全体人员体温，严格控制进出场地人员，保证每日进场员工体温正常，对于体温异常的人员，立即采取定点隔离，报送医院的程序。

（2）消毒杀菌制度：防疫防控工作小组负责项目现场、办公区域、集中居住区的全面消毒杀菌工作，实现每日"区域全覆盖"的消毒杀菌。

（3）特殊工作制度：防疫防控工作小组负责调整工作空间的职能划分，保证人员工作距离，检查防疫用品配带情况，对未按照要求佩戴口罩、使用消毒液的员工进行警告、惩罚。

（4）分餐制度：采用食堂堂食分餐制度，分班组、分批次进行食堂用餐，尽量使用一次性筷子和餐具，并进行垃圾分类，保证施工人员的身体健康。

（5）远程办公制度：对于未能及时返乡的员工，采取远程会议制度、远程办公模式，使其参与办公，在兼顾工作的同时，减少人员的流动。

此外，公司设立专门隔离点，为复工人员进行核酸检测，免费发放防疫物资，确保防疫工作万无一失。

图9-1　成立防疫防控工作领导小组

9.1.1　建立防疫防控工作小组

项目成立以公司书记为组长，项目各部门负责人为副组长，其他项目管理人员为组员的疫情应急工作小组（以下简称应急小组），应急小组组成形式如下：

组长：公司书记；副组长：各部门负责人；组　员：其他项目管理人员。

9.1.2　防疫责任分工

防疫责任分工见表9-1：

防疫责任分工表　　　　　　　　　　　　　　　表9-1

序号	事项	锦江之星 东北大学店	锦江之星 中山公园店	六院扩改建 施工现场
1	入住人员登记	1人	1人	—
2	入住人员测温	1人	1人	2人

序号	事项	锦江之星 东北大学店	锦江之星 中山公园店	六院扩改建 施工现场
3	居住房间消毒	2人	2人	—
4	施工现场消毒	—	—	2人
5	进出人员消毒	1人	1人	2人
6	防疫物资保管与发放	2人	2人	1人
7	防疫物资采购	2人		
8	餐饮管理	4人		
9	防疫用品佩戴监督	1人	1人	2人
10	防疫通勤管理	2人		

9.2 防疫物资准备

9.2.1 防疫防护物资准备

冬季沈阳地区气候寒冷，根据中央气象局天气预报，沈阳1月26日～2月10日最低气温达-20℃，为现场施工造成很大阻力。加之当时疫情严峻，为了更好地保证劳务人员的正常作业和身体健康，公司提前为管理人员及劳务人员购买了防疫防护物资和饮用水。

现场具体防疫防护物资准备见表9-2：

物资准备情况表　　　　　　　　　　　　表9-2

序号	物资名称	数量	用途	备注
1	安全帽	1200顶	安全防护	黄色100C
2	安全带	30套	安全防护	五点缓冲式
3	反光马甲	1200套	安全防护	
4	棉衣	1200套	用于防寒保暖	管理人员及劳务人员每人一件
5	棉裤	1200套	用于防寒保暖	管理人员及劳务人员每人一条
6	棉手套	1200双	用于防寒保暖	管理人员及劳务人员每人一双
7	棉帽	1200个	用于防寒保暖	管理人员及劳务人员每人一个
8	棉鞋	1200双	用于防寒保暖	管理人员及劳务人员每人一双

序号	物资名称	数量	用途	备注
9	体温枪	20支	用于体温量测	每天进出酒店量测一次
10	体温枪	20支	用于体温量测	每天进出酒店量测一次
11	N95型医用口罩	30000只	用于疫情防护	口罩每隔4小时进行更换一次
12	75%乙醇消毒液	100瓶	用于手和皮肤消毒	日需求518ml/100m²
13	护目镜	1200副	用于疫情防护	管理人员及劳务人员每人一只
14	84消毒液	100瓶	客房每天3次，施工现场每3小时1次	500ml/瓶
15	轻型喷壶（2L）	20个	用于人员及酒店客房消毒	酒店客房每层一个
16	背式喷壶（16L）	20个	用于施工现场消毒	
17	免洗洗手液	200瓶	用于杀菌、消毒，全部人次每2小时1次	500ml/瓶
18	硫磺香皂	200只	用于人员洗手	客房每间2块
19	饮用纯净水	1500件	用于现场管理人员及工人补水	24瓶/件，管理人员及工人4瓶/人/天

9.2.2 施工物资准备

由于本工程的特殊情况，材料价格和运费均有一定幅度增加。又因场地狭小，施工工序衔接要求极高，无法采用集中配货方式采用大型挂车进行统一运输，故需采取零星运输方式，采用6m板车进行"小分量高频次"的材料运输，经项目部有效协调，材料进场有条不紊，以保障现场大面积施工的正常进行。

本项目主要施工物资需求见表9-3：

主要施工物资计划表
表9-3

序号	材料名称	数量	型号规格	用途	进场时间
1	中粗砂	500m³		用于管沟敷设及抹灰	2020.1.27
2	工字钢	1100m	20号A工字钢	用于集装箱式板房基础	2020.1.27
3	花纹钢板	250m²	8mm厚	用于集装箱式板房基础	2020.1.27
4	槽钢	450m	20号	用于集装箱式板房基础	2020.1.27
5	角钢	420m	40mm×40mm×4mm	用于集装箱式板房基础	2020.1.27
6	垫板	3600块	200mm×300mm×10mm	用于集装箱式板房基础	2020.1.27
7	阻燃岩棉被	100套	3m×5m（50mm厚）	用于地面防护	2020.1.27
8	模板	300张	915mm×1830mm×15mm	用于楼梯防护	2020.1.27
9	集装箱板房	2个	3m×6m	管理人员临时指挥部	2020.1.27

序号	材料名称	数量	型号规格	用途	进场时间
10	烧结页岩砖	30000匹		用于墙体砌筑	2020.1.28
11	水泥	100T	P.O42.5	用于砌筑砂浆	2020.1.28
12	预制过梁	450根	1200mm×120mm×120mm	用于门窗洞口过梁施工	2020.1.28
13	预制过梁	100根	2100mm×120mm×120mm	用于门窗洞口过梁施工	2020.1.28
14	预制过梁	180根	2100mm×230mm×110mm	空调外机基础	2020.1.28
15	岩棉	15m³	满足防火要求	封边施工	2020.1.28
16	耐候胶	30瓶	333ml/瓶	封边施工	2020.1.28
17	铝单板	150m²	2.5mm厚	封边施工	2020.1.28
18	安全隔离带	800m		防护	2020.1.28
19	花纹钢板	250m²	8mm厚	坡道施工	2020.1.28
20	PE管	—	DN80	给水排水管线	2020.1.28
21	PE管	—	DN200	给水排水管线	2020.1.28
22	橡塑棉	—	100mm厚	给水排水管线	2020.1.28
23	电缆	1000m	185	临电	2020.1.28
24	一级箱	2个		临电	2020.1.28
25	暖气片	20组	松下DS-U2221CW	临时取暖	2020.1.28
26	发泡	300瓶	顶泰750ml	收口	2020.1.28
27	厨宝	18	中高端	洁具	2020.1.28
28	热水器	2	中高端	洁具	2020.1.28
29	马桶	54	中高端	洁具	2020.1.28
30	洗手盆	68	中高端	洁具	2020.1.28
31	取暖器	108	1.5kW	取暖	2020.1.28
32	空调	90套	悬挂式、柜式	板房配套	2020.1.28
33	LED灯带	420m	鲁邦照明	临时照明	2020.1.28
34	LED灯	12	200W	临时照明	2020.1.28
35	灭火器箱	30个		消防使用	2020.1.28
36	灭火器	120个			2020.1.28
37	自攻钉	若干			2020.1.28

9.3 项目防疫防控具体措施

9.3.1 防疫措施

为做好项目范围内新型冠状病毒肺炎的防控工作，力争"早发现、早报告、早诊断、早隔离、早治疗"，严控疫情传播，掌握疫情的感染途径并按国家疫情防控专家组提出的疫情防治措施对本项目全体人员在施工区、休息区进行全方位严格消杀，保障防疫举措落实到个人。为高质量、保安全如期完成施工任务，对项目履约期间各项防疫管理措施进行如下部署：

1. 班组选择

施工人员选择东北地区、其他非严重疫情区域班组，要求进场人员到场方式应为驾车前往，避免由乘坐其他公共交通工具带来的疫情隐患。

2. 人员登记

人员抵达指定酒店后，应先行酒精消杀，对外来人员做好防疫培训，静坐半小时并进行测温登记、来源地登记、接触史登记，把好源头关。

9.3.2 消杀措施

1. 人员防疫，人员进场要求

人员主要防疫措施为国家新型冠状病毒专家组所提出的防治措施，以及《中华人民共和国传染病防治法》，对所有人员测温。外出配戴医用型口罩，每4小时更换1次，人员体表喷洒75%酒精（不少于15秒，喷雾容量6ml/秒。每2小时喷洒1次）施工时带好防护手套；

（1）酒店方面：每间酒店各配备1名专职消毒人员，对进出酒店的项目管理人员、一线作业工人进行酒精消毒、免洗洗手液消毒；各配备1名专职人员负责电子测温，如发现异常应立即汇报；此外，酒店出入口位置配备1名专职人员负责监督口罩等护具佩戴及更新情况，配戴4小时强制更新一次。

（2）现场方面：配备2名专职消毒人员，对进出现场的项目管理人员、一线作业工人进行酒精消毒每2小时1次；配备2名专职人员负责电子测温，如发现异常应立即汇报；此外，现场大门位置配备2名监督人员，1名巡逻人员，负责监督口罩、手套等护具佩戴及更新情况，配带4小时强制更新一次，并监督离场人员使用免洗洗手液消毒。

2. 场所消杀

施工场所及居住区主要依据卫生部消毒技术规范、国家新型冠状病毒专家组所提出的防治措施：采用喷洒84消毒液1:50（参照84消毒液使用说明）对房间及施工区进行消毒；高标准，严要求，无死角全面覆盖，喷洒浓度518ml/100m²。

（1）酒店消杀：进出人员均进行消杀，专人负责。各配备2名消毒人员，早、中、晚对居所房间、办公场所进行3次全覆盖式消毒。

（2）现场消杀：配备2名消毒人员，每3小时（参照84消毒液使用说明）对现场各施工区域进行全覆盖式消毒。

3. 人员上下班管理

根据本次疫情传播特点，为防止作业人员在上下班途中感染病毒，公司对作业人员配置专车进行上下班接送管理，保证作业人员上下班途中的安全，并按车次对专车进行消毒处理。

4. 居住管理

根据本次疫情人传人的特点，为防止人员交叉传染，故对人员住宿进行统一安排，一线作业工人每个房间最多可住2人，每个房间配备硫磺皂两块，酒店内穿行要求配戴口罩、着装整洁。

5. 餐饮管理

因现场施工人数众多，疫情高发时期的用餐极为重要，为更好地保障一线工人用餐，同时也是保证用餐安全。项目提供一日四餐、足量饮用纯净水，餐食由专业餐饮团队提供，酒店、现场餐品领取人要求必须佩戴口罩。

6. 物资管理

由于受疫情及春节期间影响，各类防疫物资十分紧张，专设两人进行渠道拓展与物资采购，保证防疫用品供货量充足，满足项目使用。

7. 工程竣工后管理

人员退场后，对所有管理人员及作业人员组织集中隔离，隔离期14天，保证人员发生意外传染时不会造成二次传播。组织相关人员进行体检，并对隔离人员予以适当补助。

9.4 防疫应急预案

按照《中华人民共和国传染病防治法》和《突发公共卫生应急条例》的有关规定，《中国建筑集团有限公司关于全力做好新型冠状病毒感染的肺炎疫情防控有关工作的通知》《中国建筑第二工程局有限公司关于进一步做好新型冠状病毒感染的肺炎疫情防控有关工作的通知》，结合项目实际，特制定《新冠肺炎疫情防控专项方案》和《新冠肺炎疫情防控应急预案》。

启动原则：日常测温如发现有员工体温超过37.3℃，即启动应急预案。

（1）发生异常情况，员工应马上上报疫情应急工作小组，应急小组及时向公司及相关单位汇报疫情，并依据上级部署开展疫情处理和进一步防治工作。

（2）应急小组要及时把发生病情的员工进行临时隔离，对发生疫情的场所进行消毒处理，并根据疫情的情况将疑似发病人员、密切接触人员送到指定医院进行检查，避免疫情的扩大。

（3）应急小组要做好员工的教育，消除员工心理压力，做正确引导，确保疫情期间项目运行的稳定。

第十章

应急医院建设项目总承包商务管理

EPC模式的管理和运营涉及的范围非常广泛，本章重点探讨在应急医院建设项目背景下EPC模式的商务管理，主要包括合同管理、分包管理、成本管理及结算管理。传统工程总承包商务管理的主要目的是对建设项目进行科学系统的策划，合理的计划、控制、分析和考核，从而有效降低成本，提升项目的经济和社会效益。由于本应急项目的特殊性，本工程建设项目的商务管理保持一定的弹性。

10.1 合同管理

10.1.1 合同管理理论

1.合同管理的基本概念及内容

合同管理是指签订工程项目合同的主体，从前期合同策划到合同履行直至合同的目标达成的过程中，通过工程项目有关的合同范围、合同履行、合同变更、合同索赔、合同风险以及相关信息文件等的管理，来保证合同的顺利履行。EPC工程总承包单位若能对合同实施有效管理，将为工程管理水平和经济效益的提高产生巨大的推动力。合同管理在现代建筑工程项目管理中具有十分重要的地位和作用，它已成为与进度管理、质量管理、成本管理、信息管理等并列的一大管理职能，是工程项目管理的核心和灵魂。

合同管理的主要内容包括：

1）确认合同具体工作的范围

主要包括总承包商合同签订后合同生效开始到合同终止过程中的各阶段的工作内容以及相应的职责。为方便合同管理工作，应该将工作按一定层次汇总成清单，明确划分各阶段各层次的工作。

2）分解总工作量合理

为保证项目竣工能达到总工期的要求，按照工作流程，将工期管理工作合理分解，细化到分部工程中，将这些节点汇总成清单来控制整体进度。

3）熟悉材料设备以及施工质量的检验标准

施工所用的材料和设备是工程的基石，为保证工程质量，严格控制工程所用到的材料和设备质量，同时应该保证各施工工艺在操作上的质量要求。

4）明确工程进度款的付款方式、条件以及结算要求

以上几方面重点内容由专门的合同管理人员统计汇总后，分别制成清单并妥善保管，以便于合同履行过程中的监督和查阅。

2.合同管理的特点

（1）全过程：EPC项目合同管理是项目管理的核心，贯穿项目投标执行的全过程。

（2）目标一致性：合同管理必须使得项目总体目标以及进度、质量、费用与健康安全环境（HSE）等分目标的达到一致。

（3）系统性：高度准确和精细的合同管理，必须在建设过程中统筹考虑项目的各个方面，优化资源配置，实现资金价值最大化。

（4）严格履行：合同管理必须以双方签订的合同为依据，严格履行合同中规定的职责和义务。

3.合同管理存在的问题与解决对策

我国EPC合同履行管理主要存在以下问题：

1）忽视合同跟踪管理体系和制度的建设

在项目实施过程中，关于合同的分级、授权管理机制不够健全，合同签订没有固定人员，合同履行过程中的跟踪管理没有明确的程序，或是合同跟踪管理制度形同虚设，某些手续履行不够完备，合同管理人员对合同跟踪管理缺乏必要的监督。

2）合同纠纷解决渠道不完善

在我国专业解决合同纠纷的调解机构稀少，很多地方都没有解决建筑工程合同纠纷的仲裁机构，合同纠纷一旦发生，采取诉讼解决的方法持续时间过久，因此，很多合同纠纷都是以总承包方妥协而收尾。

3）签证确认工作不到位

在EPC工程实施过程中，涉及各式各样数量巨大的签证，这就要求总承包

商驻现场管理人员必须及时确认签证,实际工作中很多现场的管理人员对某些签证不够重视,未能及时确认,一旦发生纠纷,即使到了诉讼阶段,也会由于不能举证而承担损失。

4)相关书面文件未能及时发出

在合同动态管理的过程中,相关信函等的及时发出是十分重要的,这不只是合同履行管理的一种方法,也是总承包企业的一种自我保护与防范,但这一点常常不受重视,很可能最后遭受不必要的损失。

相应解决合同管理中的问题,一般包括以下对策:

1)重视合同交底工作

在各类合同具体履行前,总承包商的合同管理小组,应该及时召集相关方以及必要的工作人员召开合同交底会议,项目相关工作人员应该深刻学习合同条款,明确各自的职责所在,深入研究和部署合同履行过程中的各项工作,做出偏差预案。

2)重视合同管理人员的工作,提高合同管理的效力

合同管理在整个项目管理中起到核心的作用,然而实际的工程项目中,承包方不重视合同管理的工作。合同管理人员的主要工作就是按照合同约定,对总承包商在合同履行过程中各项责任和义务的执行情况进行监督和管理,并依据工程实施具体情况。

3)总承包商在合同履行前制定周密、详细的工作计划

总承包商应该在每一份合同正式履行前制定周密、详细的工作计划,并且在合同履行过程中,合同管理小组对这些计划的贯彻落实情况进行实时地监督管理,并且根据施工现场的实际情况适当调整计划以保证项目的顺利进行。

10.1.2 合同管理实践

应急工程指为应对突发性风险事件,为最大限度减小风险事件造成的负面影响而实施的工程项目,在项目管理上更偏重于进度和质量管理,同时需要兼顾商务管理。应急工程的合同管理更多地侧重具体劳务、材料、设备合同的签订管理,合同管理保持必要的弹性。

接到施工任务,公司连夜召开紧急协调会,根据施工任务成立合同专项负责小组并任命负责人,因事发紧急,邀请公司各部门负责人及合同专员进群,采用微信沟通群的方式,快速推进资源协调、合同评审等工作;因现场办公场地有限,商务小组无法全部冲在第一线,为保证与现场有效衔接、合同及时签订,特

安排专人在现场进行消息整理，并及时传递，根据现场施工内容及进场时间，拟订出项目全周期合同规划，按照合同规划进行逐一落实签订，并与公司沟通，临时开通快速流程通道，简化合同内容等方式，加快了资源筹备、合同评审等工作，为现场施工第一时间提供了"弹药"。

本工程共分为两个区段，一段为装配式病房楼工程，一段为4号负压隔离病房楼工程，所有工序均围绕一个"快"字执行，俗话说兵马未动粮草先行，其中装配式病房楼工程的重中之重为隔离病房采用的集装箱式板房，资源选择上尤为重要且困难重重，在接到新建改建工程命令的第一时间进行集装箱资源的筹备，迅速约见多家板房单位，详见表10-1。

联系单位明细

表10-1

序号	厂家名称	地点
1	海纳百川	沈阳
2	金业钢结构	沈阳
3	广厦房屋	天津
4	鼎丰门窗	沈阳
5	长春华工钢构	河北
6	山东德润绿建	山东
7	盘锦顺成彩钢板厂	盘锦
8	金杯板房杨	沈阳
9	宏盛达板房	沈阳
10	抚顺祥越彩钢板房	抚顺

联系的厂家主要分为长期合作、社会力量提供的资源、网络搜索三部分，迅速融合各家目前库存情况、现生产能力、运输时间等情况，其中除了海纳百川之外，其他厂家均因疫情、无库存、无施工人员、无生产能力、无物流、封村封路等原因，无相应的组织生产能力。经过与设计单位、院方、指挥部共同研究最终确定厂家，锁定资源，谈定合同主条款，约定价格，现场办公以局通用合同为载体，编制合同并完成合同的签订，专人对接协调生产过程及进场的相关事宜。

4号负压隔离病房楼系在原有基础上进行病房改造，4号负压隔离病房楼涉及多面性，属于工期短、现场改动频繁、紧急工程，改造需要大量人工，劳动力资源主要有三种形式：第一种是长期合作的分包单位和成建制的劳务班组；第二种是临时突击的班组，第三种是临时招募的工人。第一种均与中建二局有长期合作关系，合同处理方式等同于合作分包方；后两种则是在特殊条件下先进行简易劳务协议的签订，组建临时班组，迅速投入生产，随后完成用工合同签订。

传递窗为改造负压病房必不缺少的一部分，寻找传递窗资源是抢工期的重要环节，影响工序之间的穿插，通过局、分公司各单位的支持，最终锁定广东佛山一家公司，谈定价格及合同主要条款，先签订电子协议，并支付预付款，随之安排发货，过程中完成合同签订。

密闭门、密闭窗是根据现场实际情况，设计变更进行的急需材料，沈阳洁奈尔空气净化设备有限公司为春节、疫情期间东北三省唯一一家可生产加工密闭门、密闭窗的厂家，且厂家地址在辽宁省，省内当天可运至现场，其他可生产厂家均在省外，运输时间长，经过综合对比，此厂家为唯一满足现场施工工期厂家，经局领导、建委领导多次协调，为保证现场施工工期，与该厂家签订合同，安排材料进场。

其他物资材料，主要依托于二级、三级单位现有合作分供方，直接进场使用，开通快速流程通道，简化合同内容，确定价格及合同条款，完成草签合同，在供应构成中完成合同的签订。

施工过程中，共计签订劳务、专业分包、材料合同共计25份。合同清单见表10-2：

合同签订明细   表10-2

	序号	工程名称	分包单位名称	合同内容	合同编号
劳务分包	1	第六人民医院装配式病房楼及改建一期项目工程	大连鹏泰建筑劳务有限公司	机电合同	CSCEC2B-BF-DLRMYY-LW-2020001
	2	第六人民医院装配式病房楼及改建一期项目工程	大连成安伟业建筑劳务有限公司	拆改劳务	CSCEC2B-BF-DLRMYY-LW-2020002
	3	第六人民医院装配式病房楼及改建一期项目工程	大连新远建筑劳务有限公司	拆改劳务	CSCEC2B-BF-DLRMYY-LW-2020003
	4	第六人民医院装配式病房楼及改建一期项目工程	沈阳金兴建筑劳务有限公司	拆改劳务	CSCEC2B-BF-DLRMYY-LW-2020004
	5	第六人民医院装配式病房楼及改建一期项目工程	河北国润劳务派遣有限公司	拆改劳务	CSCEC2B-BF-DLRMYY-LW-2020005
	6	第六人民医院装配式病房楼及改建一期项目工程	天津杰作建筑工程有限公司	机电劳务	CSCEC2B-BF-DLRMYY-LW-2020006

	序号	工程名称	分包单位名称	合同内容	合同编号
劳务分包	7	第六人民医院装配式病房楼及改建一期项目工程	大连洪川建筑劳务有限公司	拆改劳务	CSCEC2B-BF-DLRMYY-LW-2020007
专业分包	8	第六人民医院装配式病房楼及改建一期项目工程	沈阳固多金建设工程有限公司	机电专业分包	CSCEC2B-BF-DLRMYY-ZY-2020001
	9	第六人民医院装配式病房楼及改建一期项目工程	北新禹王防水工程有限公司	防水工程	CSCEC2B-BF-DLRMYY-ZY-2020002
	10	第六人民医院装配式病房楼及改建一期项目工程	沈阳旭金钢结构工程有限公司	零星钢构件	CSCEC2B-BF-DLRMYY-ZY-2020003
	11	第六人民医院装配式病房楼及改建一期项目工程	海纳百川（沈阳）模块化房屋建筑工程有限公司	板房合同	CSCEC2B-BF-DLRMYY-ZY-2020004
其他	12	第六人民医院装配式病房楼及改建一期项目工程	沈阳森崧原科技有限公司	视频监控	CSCEC2B-BF-DLRMYY-QT-2020001
	13	第六人民医院装配式病房楼及改建一期项目工程	沈阳市建设工程质量检测中心有限公司	检测合同	CSCEC2B-BF-DLRMYY-QT-2020002
物资合同	1	第六人民医院装配式病房楼及改建一期项目工程	沈阳弘克双兴电线电缆有限公司	电线电缆	CSCEC2B-BF-DLRMYY-CG-2020001
	2	第六人民医院装配式病房楼及改建一期项目工程	沈阳丹利防火门窗工程有限公司	门窗	CSCEC2B-BF-DLRMYY-CG-2020002
	3	第六人民医院装配式病房楼及改建一期项目工程	慧翔（辽宁）建筑工程有限公司	零星采购	CSCEC2B-BF-DLRMYY-CG-2020003
	4	第六人民医院装配式病房楼及改建一期项目工程	辽宁亿芯电线电缆制造有限公司	电线电缆	CSCEC2B-BF-DLRMYY-CG-2020004
	5	第六人民医院装配式病房楼及改建一期项目工程	沈阳瑞鑫达建材有限公司	砖	CSCEC2B-BF-DLRMYY-CG-2020005
	6	第六人民医院装配式病房楼及改建一期项目工程	沈阳市金鹏物资经销处	沙	CSCEC2B-BF-DLRMYY-CG-2020006

	序号	工程名称	分包单位名称	合同内容	合同编号
物资合同	7	第六人民医院装配式病房楼及改建一期项目工程	佛山市中境净化设备有限公司	传递窗	CSCEC2B-BF-DLRMYY-CG-2020007
	8	第六人民医院装配式病房楼及改建一期项目工程	吉林中盛劳务有限公司	零星采购	CSCEC2B-BF-DLRMYY-CG-2020008
	9	第六人民医院装配式病房楼及改建一期项目工程	广州亮豹涂料科技有限公司	涂料	CSCEC2B-BF-DLRMYY-CG-2020009
	10	第六人民医院装配式病房楼及改建一期项目工程	沈阳市洁奈尔空气净化设备有限公司	密闭门、密闭窗	CSCEC2B-BF-DLRMYY-CG-2020010
机械合同	1	第六人民医院装配式病房楼及改建一期项目工程	沈阳市纪勇机械设备租赁有限公司	零星机械	CSCEC2B-BF-DLRMYY-ZL-2020001
	2	第六人民医院装配式病房楼及改建一期项目工程	辽宁天恒建筑工程有限公司	零星机械	CSCEC2B-BF-DLRMYY-ZL-2020002

10.2 分包管理

工程总承包商全面分析统计工作范围，将范围内的工作汇成清单，并明确责任界限。总承包商根据清单合理分工即可制定分包计划，明确EPC项目中的分包工作范围和分包工作量，进行分包管理。项目执行过程中，按照计划有序开展分包工作，做好标段划分，同时将各个分包商的工作界面划分清楚，避免漏项。分包合同管理是综合性的、全面的、高层次的和高度精确、严密、精细的管理工作。在EPC工程项目实践过程中，必须认识EPC工程项目分包合同管理的重要性，切实加强分包管理。

10.2.1 分包管理的原则及工作流程

EPC合同的分包合同数量较多，各个分包商间工序穿插，就必须做好分包合同执行的监督和沟通协调工作。对各个分包商的各个环节、动态要及时获得信息，并传递给相关分包商，方便项目顺利开展。合同签订后，首先进行合同交底，将合同涉及的各方进行汇集，明确合同的责任及合同实施的方法及要求。其次，合同执行情况的追踪，对于合同执行的差异及时发现，制定方案补救，防止问题的扩大。工程总承包商选择分包商一般遵从以下几条原则：

1. 专业化程度高

选定分包商，总包商可以制定一套科学且执行力强的分包商准入制度，采用公开招标、分包商实地考察和严谨的合同条款制定三个步骤选择优质分包商，其中专业能力是总包商考虑的主要因素。

2. 信用度高且管理相对容易

分包商从事类似项目的经验、项目实际完成绩效、信誉是否良好等是总包商考察分包商的因素。为了节省时间，总包商经常采用邀请招标的方式选择自己相对熟悉的企业进行合作。

3. 项目管理能力强

总包商要审核分包商的管理人员素质情况，即分包商的项目管理人员、技术人员以及项目实施工人的配备情况等，优先选用那些项目管理能力较强的分包商去承担分包项目。

此外，分包合同管理的内容很多，在签订分包合同时需要要注意：分包合同签订不与总承包合同条款相矛盾，平等互利；分包合同条款要清晰，做到责权明确、质量、安全、工期等目标要明确。分包合同采用书面形式，双方应本着诚实守信原则，严格按合同条款办事。同时，为保障合同目标的实现，合同条款对分包商提出了较多约束，但总承包商要加强对分包商的服务与指导，尽量为分包商创造施工条件，帮助分包商降低成本、实现效益，最终"双赢"，以顺利实现合同•目标。分包管理的流程见图10-1。

10.2.2 分包管理的常见问题与对策

分包商作为工程建设的参与者，其在追求利益最大化动机的驱动下，时常有违背市场规则的行为。目前，我国分包商在施工管理过程中存在的主要问题包括：管理体系不健全或根本没有建立管理体系；分包商的现场管理和技术人员素质偏低，不能满足施工总承包管理模式的要求；部分分包商忽视项目的整体性、系统性和不同分包商之间的搭接或交接，使项目的整体推进缺少连贯性；分包商的质量和工期意识不强，自我管理能力偏弱，从而造成总承包企业不得不投入大量的人力、物力和资源来管理分包商的不利局面。

为解决分包管理中的常见问题，分包商管理的策略包括：

（1）培养分包商与总承包商之间的利益共同体观念，切实履行合同，承担各

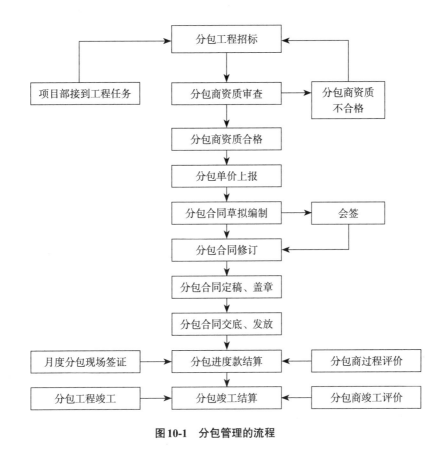

图10-1 分包管理的流程

自的责任与义务,完善书面凭证。

(2)督促分包商加大对其人员的技术和管理培训,建立合理的人力资源管理制度,提高其管理与技术水平,以满足工程施工总承包的要求。

(3)对分包商管理引入竞争机制,如采用奖罚分明的激励措施,强化分包商主动配合施工总承包管理的行为。弱化分包商的不规范行为,使得分包商树立项目的整体性和系统性观念。

10.2.3 分包管理的实践

本应急工程建设项目由于时间紧迫性,工程质量要求严格,分包商的选择需要适应应急项目的特点,同时配合能力强,符合公司的标准。最终分包商的选择一方面是与中建二局有长期合作关系的分包商,合同处理方式等同于合作分包方;另一方面是来自社会力量援助的分包商。分包管理包括劳务分包管理和专业分包管理两部分。选定的分包商在目前库存情况、现生产能力、运输时间等方面都能满足应急医院建设项目的要求。

本项目涉及的劳务分包管理包括机电劳务管理和拆改劳务管理；专业分包管理涉及机电专业分包管理、防水工程分包管理、零星钢构件分包管理等内容。在施工过程中，开通快速流程通道，简化合同内容，确定价格及合同条款，完成草签合同，在供应构成中完成合同的签订。

10.3 成本管理

10.3.1 成本管理理论

1.成本管理的基本概念与内容

成本管理是指为保障项目实际发生的成本不超过项目预算而开展的项目成本估算、项目预算编制、项目成本控制以及项目成本核算等方面的管理活动。在保证满足工程质量、工期等合同要求的前提下，对项目实施过程中所发生的费用，通过计划、组织、控制和协调等活动，利用技术、经济和管理来达到预定目标，实现计划的成本目标，并尽可能地降低实际成本费用。

项目成本管理从大的方面可以分为项目成本计划、项目成本控制、项目成本核算和项目成本分析四部分内容，形成了项目成本管理的循环过程：在项目成本形成之前，项目要进行成本预测，决策和计划，即计划阶段；在成本形成过程中，项目要进行核算和控制，即执行阶段；在成本形成之后，企业要进行分析和考核，也可以说是项目的考核阶段。四部分具体内容如下：

1）成本计划

通过制定科学的成本预测计划，对一定时期的成本水平和成本目标进行预测，根据预测结果，以施工项目生产计划和成本资料为基础，对计划期内施工项目的成本水平所做的筹划，是施工项目制定的成本管理目标。成本计划是成本控制的标准和降低成本的行动纲领。项目在具体确定计划指标时，应从实际出发，并留有余地，成本计划一经批准，其各项指标就可以作为成本控制、成本分析、成本检查的依据，一旦予以确定，就要贯彻执行。

2）成本控制

项目在施工过程中，根据成本目标和成本计划，对有关费用支出进行严格的监督和控制，及时发现和解决可能出现或正在发生的损失或损耗，并及时总结和推广节约费用的新工艺、新技术和新材料，促使项目实现预期的成本目标，尽可能地降低成本。成本控制是加强成本管理，实现成本计划的重要手段，是项目成本管理的中心步骤。

3) 成本核算

成本核算是项目成本控制的基础，是整个工程项目经济核算的中心内容，具体工作是将实际成本与目标成本进行核对，检查其偏差。成本核算，是对施工项目所发生的施工费用支出和工程成本形成的核算。项目应当根据其工程施工的特点和施工经营管理的需要，正确组织施工费用核算和工程成本计算，为成本管理各环节提供必要的资料，便于成本管理工作的进行。

4) 成本分析

根据成本核算的数据资料，对工程实际成本进行分析、评价，检查成本计划的执行情况，查明成本升降的原因，及时调整成本计划以符合客观情况，采取措施以加强控制，从而实现成本管理的全过程动态控制，并为未来的成本管理工作和降低成本途径指明努力方向。

2. EPC成本管理的常见问题与措施

EPC工程项目实施的过程中做好项目成本的管理和控制十分必要，且成本管理工作贯穿于项目设计、采购和施工等过程，是一项相对较为复杂的管理工作。目前，EPC项目成本管理过程中常见问题包括：

1) 成本管理流于形式，责任不到位

成本管理工作的责任和相关考核工作往往流于形式，在成本管理的过程中相对较为松懈，致使整个项目生产过程中相关管理责任无法落到实处，造成施行项目成本管理工作基本的管理目标无法顺利实现，成本管理在项目生产中的作用无法全面发挥。

2) 多层次成本管理制度不够健全

EPC项目成本管理的过程中，部门所管理的成本对象多集中于直接成本上，如材料成本、设备购置成本、项目人员薪酬等，对于管理类人员的工资、其他管理费用、期间费用等缺乏有效监管，且随意列支。最后造成可见成本控制有效、隐性消耗实则巨大的后果。

3) 先进的成本管理手段应用范围小

EPC项目成本在管理过程中需要使用较为先进的技术手段和控制管理手法，才能够保证成本管理工作的目标得以实现。目前来看，我国大部分项目都没有广泛应用先进的管理方法和行之有效的管理措施，成本管理手段较传统。

完善及提升EPC项目的成本管理，具体可以采取以下措施：

1) 建立健全企业管理体系

针对EPC总承包企业管理体系不健全，部分员工责任意识不强的情况，企业应建立健全内控管理体系，通过绩效考核方式调动员工的工作热情，提高工作质量和效率。鼓励员工研究降低项目成本的新思路，在企业内形成节约项目成本的良好氛围，使成本管理贯穿项目各项工作中。

2）利用先进方法使成本管理现代化、网络化、信息化

EPC项目的成本管理不仅需要多成员的共同参与，还需要采用先进的控制方法或技术手段，如挣得值法、单价分析法、价值链成本管理等。目前在项目成本管理中，能够较好地运用这些方法。同时方法可广泛地推广，是实施行之有效的先进手段。

成本管理是EPC总承包管理的重中之重，关系着总承包企业项目收益，与企业市场竞争能力息息相关，是企业健康可持续发展的重要保障。因此，采用有效的方式来切实加强项目的成本管理工作，最大限度地提升项目的经济效益。

10.3.2 成本管理实践

本项目作为应急工程，采用成本加酬金的合同模式。现场人员出勤作为分包对总包、总包对业主的结算依据，安监部将每日测温记录作为分包作业人员出勤依据，有效保障场内作业人员每日防疫测温及口罩发放全覆盖。

在2020年1月25日接到六院改造项目任务后，分公司第一时间进行资源准备，并进行资金筹集，满足现场用工人数、材料的按时进场和现场的施工进度要求。疫情就是命令，时间就是生命，提前安排计划，现场工长提前上报劳动力、材料、设备等需求计划，在安排劳动力、材料、设备满足现场施工需求的前提下，备用3个临时突击队以备现场突发情况之所需，材料在常规损耗的基础上，多留出备用材料，以备不时之需，并且做好材料的成品保护，保证在未使用的前提下返厂不影响厂家的销售，在与时间赛跑的战场上，保证了现场的施工进度需求，在成本上也得到了控制。

现场采用24小时工作制，人员分组，进行材料入库、出库的管理，实行"谁领料谁签字"的原则，并及时将材料小票上报材料员，整理上报指挥部，确定材料价格，落实后期结算资料。由于场地限制，现场材料堆放位置紧凑，施工作业面广，对余量资源进行分阶段管控，早处理、早退场，现场组织做好记录并办理相关手续。收尾阶段，剩余材料、零星材料、小型器具如工人手持工具、小型设备等物资进行回收，统一调拨至其他项目。

为达到工期短、质量高、成本适当的目的，应急工程实施前正确地制定先进的、经济合理的施工方案是关键。施工过程中，在保证进度的前提下，要努力寻

找各种降低成本、提高工效的途径和方法，同时严格做到按规范施工，严把质量关，确保工程质量，减少返工造成人工和材料的浪费。

10.4 结算管理实践

项目的结算管理是成本核算的重要内容，由于应急工程建设项目的特殊性，本节对结算管理的具体实践阐述如下：

本工程项目结算涉及人工、材料、机械、后勤防疫及专业分包等40余家单位，对劳动力工资发放需要根据国家政策，实名制发放，并且需要支付劳务人员施工完成后的隔离费用的发放。此工程为抢险紧急工程，政府统一调配，财政拨款，后期需接受国家卫健委、财政审计，对结算资料要求严格，体现真实性、完整性，据实结算。

项目结算工作在项目施工过程中已经成立结算小组，由公司商务部牵头，现场资源小组、商务管控小组配合，按照"谁使用、谁签字、谁联系、谁配合结算"的原则，在公司统一集中办公，然后交由公司财务统一集中付款。

材料结算根据送货单、收料单、验收记录、出入库记录、合同约定、结算单的模式，作为最终的结算依据，供货完成后，在结算验收单上经双方签字盖章后交由公司财务统一集中付款。对于施工过程中特殊材料、需要付款方能发货的材料，经领导审批后，双方协商后以先支付材料款即办理总结算，施工完成后及时开具增值税专用发票。

机械设备结算方式与材料结算方式基本相同，根据现场使用机械台班为依据，制定验收单、结算单，在结算验收单上经双方签字盖章后交由公司财务统一集中付款。

本工程为抢险紧急工程，采用成本加酬金的方式进行结算，整理好对分包、分供的结算资料，并以后勤、管理费作为依据，上报抢险工程指挥部，进行结算。

第十一章

应急工程的验收与交付

11.1 竣工验收

竣工验收指建设工程项目竣工后，由相关部门对规划设计及工程设备、质量进行检验，并出具合格报告的法律程序。应急工程既需要满足对医院安全使用的标准，又要加快竣工验收过程，做好竣工验收管理工作，保证建设项目迅速且高质量地投入使用。

11.1.1 全面整理交付验收依据

根据项目应急工程的特点以及严寒地区极端气候的各项因素，设置专人对竣工交付验收依据进行整理，施工过程中组织人员提前对项目交付标准、使用功能等进行熟悉，编制《验收交付要点》，对管理人员及施工作业班组进行交底，强化过程验收，保证竣工验收一次性通过。验收依据如下：

（1）施工图设计文件及设计变更洽商记录。

（2）传染病医院建筑施工及验收规范 GB 50686—2011。

（3）国家颁布的其他标准和现行的施工质量验收规范。

（4）各类设备技术说明书。

（5）传染病医院各项使用功能相关要点。

（6）国家及沈阳市卫健委关于疫情防控等医疗方面相关文件要求。

（7）沈阳市第六人民医院的具体要求。

（8）现场过程质量问题等。

11.1.2 验收人员

验收人员由建设单位上级主管部门、建设单位项目负责人、建设单位项目现场管理人员及设计、施工、监理单位组成。监理单位组织竣工预验收，建设单位组织竣工验收。

11.1.3 验收标准

本着以保证工程质量满足各项使用功能的原则，从以下几方面进行验收：是否符合设计要求；是否完成图纸内容；是否安全可靠；设备联调联试、动态检测、运行试验情况是否能正常使用。

11.1.4 验收程序

（1）施工、设计、监理单位分别汇报工程项目建设的质量状况、合同履约及执行国家法规、强条的情况。

（2）鉴于项目的特殊性，检查验收过程中，工程实体质量的抽查必要时可以项目建设实施过程中的相关影像资料作为依据；检查工程建设各方提供的竣工资料。

（3）对竣工验收情况进行汇总讨论，形成单位工程竣工验收结论，填写单位（子单位）工程竣工验收记录，验收组各方代表分别签字、盖章，形成竣工验收会议纪要。

11.1.5 验收内容

因工程的特殊性，工程验收未采取常规项目十大分部工程验收，而是结合使用功能，分12个专业进行验收，包括建筑专业、结构专业、给水排水专业、电气专业、智能化及弱电专业、暖通空调专业、医疗气体专业、污水处理系统、园林绿化专业、室外道路专业、室外雨水系统、附属设施。

11.1.6 正式竣工验收自检

总包单位组织进行全面自查自纠，全面排查质量问题并填写《沈阳市第六人民医院隔离病房新建及改建一期项目检查记录表》，将检查问题整改完成后再组织竣工验收。

11.2 工程交付

依据国家房屋建筑和市政工程规范标准，结合应急工程实际情况，编制适合本工程的全过程验收要点检查表，各参建方进行验收确认后再进行移交。

11.2.1 隔离观察病房区交付

2020年2月3日晚23时，沈阳市第六人民医院隔离病房新建及改建一期项目隔离观察病房区举行交付仪式，标志着沈阳市第六人民医院扩改建施工工程隔离观察病房正式交付（图11-1）。

图11-1 隔离观察病房区举行交付仪式

11.2.2 4号负压病房楼交付

2月8日晚19时，沈阳市第六人民医院隔离病房新建及改建一期项目4号负压隔离病房楼改造一期工程举行交付仪式，中建二局北方公司改建的4号负压病房楼提前2天竣工交付。标志着沈阳市第六人民医院隔离病房新建及改建一期项目全部正式交付，工程交付手续完成，标志着装配式病房楼正式交付沈阳市第六人民医院医务工作者。

本次工程交付也标志着中建二局北方公司圆满完成了沈阳市第六人民医院扩改建工程建设任务。

11.3 维保措施

11.3.1 维保重难点分析及对策

因医院建设过程中工期非常紧，建筑及设备功能还需持续完善，加上使用功能特殊，待验收交付投入使用后，维保工作也是后期的重点。故需成立交付后工程维保部门，立即开展相关维保工作，为医院运营提供有力保障。

1.维保重难点分析及对策

维保重难点分析及对策见表11-1：

维保重难点分析与对策 表11-1

序号	重难点	对策
1	进出院区及污染区卫生防疫管理是维保工作管控的难点，也是重点	根据院方要求，固化进出院区及污染区标准化流程
		做到五到位：进出院区及污染区人员交底到位、防护用品佩戴到位、专人检查到位、离场前洗消到位、病区维修使用后的材料工具处理到位
		制定防疫应急预案，建立维修人员作业台账，对于作业人员在病区环境下暴露或者维修作业后出现有咳嗽、发热、乏力、呼吸困难或有其他身体不适等症状，立即启动应急预案
2	本工程为抢工项目，存在遗漏项，主要表现为门锁、封堵、防水、马桶疏通等问题，尤其是安装专业维保工作量大	加强现场排查，进行立项销项管理，按照"轻、重、缓、急"的要求进行分类，制定销项计划
		销项计划由专人负责，对于既重要又紧急的问题，由维修专业组负责人靠前管理，亲自牵头负责
		加强与院方使用科室沟通协调，了解院方使用过程中的功能需求，全力做好维保服务
3	屋面防水和卫生间地漏是重点	重点排查复合屋面板交接部位、屋面设备基础部位、出屋面管线开洞部位、外墙板穿管线部位细部节点处理
		后续屋面维修工作注意防水保护，对于不可避免的屋面后开洞作业，应及时报备维修组，安排专业防水人员进行修补
		复杂防水节点处理或具有普遍性渗漏节点由技术部门出具专项维修方案后，按方案实施

2.维保工作开展

1）成立维保工作部门

维保工作部包括物资保障组、工作组、操作组、后勤保障组：

（1）以工作组为核心，全面牵头维保具体工作内容。由工作组负责与院方负责人对接，获取维保任务，形成维保任务台账。

（2）编制每日维保工作计划，确定好当日维保工作所需的劳动力、材料、机械及防护用品计划，发至工作群，通知物资保障组及后勤保障组准备相应资源，并报送商务部备案。

（3）物资保障组按照维保工作计划准备相应人、材、机资源，后勤保障组按照维保工作计划准备相应的防护用品、酒店、车辆、饮食，并将资源组织情况及时反馈给工作组，便于工作组及时调整工作安排。

（4）工作组负责人及专业负责人每日找物资保障组及后勤保障组领取人、材、机及劳保用品，机具及劳保用品发放至每个进入现场的人员，并形成发放记录，便于盘点。

（5）工作组负责人与院方负责人对接，协调进入现场的通行手续后，方可带领作业人员进入现场。进入现场前，须对作业人员做好安全防疫交底。

进入现场后，对作业人员进行工作分工及施工交底，明确作业内容、部位、标准及注意事项。

（6）作业人员按照管理人员交底进行维修操作，每一项维修内容形成维修记录，作业人员每完成一项内容向负责人或专业负责人汇报，经管理人员先行自检合格后，再通知科室负责人进行联合验收，确保问题按科室要求落实到位。

（7）当日维修工作完成后，作业人员将所有工具按领取记录返还。物资保障组根据工具类别决策，可留在现场的机具则按照院方要求消毒后存放于指定地点，便于后续使用，不可留于现场的机具返还后按照防疫规定进行消毒，登记入库。

（8）后勤保障组每日按照防疫相关规定对办公地点、酒店进行消毒，创造安全、健康的办公、住宿环境。

（9）物资保障组及后期保障组每日编制的日计划报维保领导小组进行审核，将审核完成的计划报公司商务人员，每日工作完成后，将当日消耗的材料、防护用品、后勤保障（人员食宿、车辆运输、住宿）及当日用工情况统计成台账，报公司商务人员。

2）防疫工作流程

（1）指派专人每日对驻场维保管理人员（含管理人员及工人）行程进行跟踪记录，自酒店出发至现场或办公区记录，日间进出现场、洁净区、污染区的记录和回酒店的记录，每人每天行程记录必须完整，行程闭合。

（2）所有人员每天行程必须签字确认，包括酒店住宿、乘坐车辆信息、同行人员信息、出入院区信息。

（3）指派专人对进入维保人员进出场进行体温检测、全身消毒，形成入场人员体温检测记录，受检人签字确认。

（4）指派专人对在酒店隔离的人员每日进行2次体温检测，分别为7点、17点，形成体温检测记录，受检人签字确认。

（5）体温检测异常人员需第一时间向维保领导组汇报，采取进一步诊断及治疗措施。

（6）指派专人每日对现场办公区、酒店进行消杀，早、晚各一次，拍照留存资料，并形成消杀记录。

（7）进入现场前由工班长进行班前交底，并签字留存，每月组织一次防疫知识培训并留存书面记录。

（8）防疫用品管理员每天发放防疫用品，形成登记台账，并督促人员规范佩戴防疫用品。所有人员严格防护用品发放、领用制度。

（9）进入现场防护流程：

①穿戴流程：穿衣服和拖鞋—手消毒—戴一次性隔离帽—戴防护口罩—穿防护衣—戴手套—换隔离鞋—穿鞋套。完成后可在半污染区工作。进入污染区，需再穿隔离衣—戴手套—穿鞋套—戴防护眼镜。

②脱衣流程：在污染区与半污染区之间缓冲区，脱鞋套—脱隔离衣—脱外层手套—脱防护镜—进入缓冲区，脱鞋套—脱防护服—脱手套—摘防护口罩—脱隔离帽—换拖鞋—手消毒—进入清洁区洗澡、更衣—出医院。

脱防护服过程中各个环节都要进行手消毒，避免污染。

（10）落实实名制管理，所有进出现场和办公区的工人及管理人员均须进行实名制信息收集，制作专属维保工作牌。维保期间无工作牌人员严禁进场。

3）施工任务完成后人员安排

（1）组织集中医学观察。利用酒店、具备住宿条件且暂未销售和交付的竣工房屋作为集中留观点，严密组织沈阳市第六人民医院现场施工人员到设立的集中留观点进行14天的医学观察。设置的集中留观点和医学观察人员名册提前向市城乡建设局报告，市城乡建设局将点位和人员名册提供给市疫情防控指挥部社区疫情防控组，由其协调区疫情防控指挥部将集中留观点纳入所在地社区管理。

（2）加强日常管理。建立封闭运行责任体系和管理制度，安排专人驻点管理；严格落实疫情防控"双测温两报告"等各项制度，定期对集中留观点进行消杀，按规定填写医学观察记录表；切实做好留观人员在医学观察期间的生活保障，加强对留观人员的人文关怀；严禁出现人员聚集、聚餐现象，防止交叉感染。

（3）实行分类处置。参建人员医学观察期满后，按规定进行分类处置。按照沈阳疫情防控管理相关规定执行，优先安排在本地从事后续防疫、城市运行等应急项目建设工作。对在医学观察期间发现为"四类人员"的，由所在区疫情防控指挥部进行分类集中收治和隔离，做到应检必检、应收尽收、应隔尽隔。

4）维保日报

（1）维保日报由专人进行汇总整理，每日18:00前汇总完成。

（2）维保日报按统一格式记录，负责人将现场问题自行汇总整理后，每日17:00前交由汇总人员汇总。

（3）维保日报除当日维保具体内容外，还应包括对问题的归类、分析、人员进出登记、防疫用品发放情况、需协调解决的问题、当日维保照片等内容。

11.3.2 专业培训交底

（1）每日对维保管理人员进行专业的技术交底，必须让他们充分熟悉、掌握项目具体情况，负责具体的人员需充分了解该图纸、现场实际情况。

（2）每日对维保管理人员及工人进行安全教育及交底，必须让他们充分了解防疫相关知识及进入维保现场的施工安全注意事项。

（3）对进入现场的人员进行防护用品穿戴专项培训，确保防护用品穿戴规范。

11.3.3 防疫及保障措施

1. 防护措施

（1）体温测量：参与维保全体人员每人发放水银体温计1个，早饭、中饭、晚饭后自行进行测温，测温后在工作群中进行上报，专人负责记录（明确具体人员），记录人员制定台账，根据上报情况进行全面统计，每日17:00前将统计结果上传工作群。

（2）进出场检查：在工作区域入口处设置检查点，配备红外语音电子体温计、消毒液，进出工作区域，由专人负责（明确具体人员）进场人员体温测量、身份信息核实、进出信息登记。检查人员每日将人员进出信息及体温测量记录上传工作群。参与维保人员统一办理工作证，无工作证人员不得进入工作区域。如有其他人员进入，由检查点人员上报主管人员，主管人员核实同意后，来访人员体温测量正常、防护用品佩戴良好后方允许进入。维修工人不得进入办公地点，直接由酒店出发，完成维保作业后，再回到酒店。

（3）防护用品管理：在办公地点设立个人防护用品库房，储备防护口罩300

个、护目镜150个、防护服150套及便携式洗手消毒液，由专人进行管理，建立发放台账，每日对参与维保人员进行防护用品发放。

（4）防护用品佩戴：全体人员严格个人防护用品佩戴，进入医院区域人员必须全天佩戴口罩、护目镜，并穿防护服。在医院之外区域需佩戴口罩、护目镜，在酒店房间内可不佩戴。

（5）防疫卫生：维保人员从医院离场前需按照医院要求在洗消区进行全面洗消，洗消完成后更换新的防护口罩及护目镜后方允许离场。维保人员进场前尽量少喝水，尽量避免中途去卫生间，如去卫生间，首先在洗消区进行全面洗消，更换新的口罩、护目镜、防护服后方允许重新上岗。离开医院区域后，维保人员需注意个人卫生，及时使用便携式洗手消毒液对双手进行消毒清洗，避免使用双手揉搓面部、眼睛等部位。

（6）避免人员聚集：除维保操作作业外，严禁有其他聚集活动，需要共同完成的活动应尽可能分别进行。就餐采取分散就餐，不得面对面就餐，其他相关活动人员间距离必须常保持在1m以上。

（7）消杀措施：安排专人进行消毒，对办公区、住宿酒店、餐饮区、厕所等部位每日集中消毒不小于两次。所有消毒部位设置消毒记录表，消毒人员消毒后进行登记，后勤组负责督查。

2.职工及工人保障措施

（1）工作轮换：工作组管理人员工作期1个月，工作期满后进行工作轮换，维保工人根据医院维保内容及医院要求确定是否需要轮换。

（2）轮换隔离：管理人员及工人在工作轮换后进行隔离，隔离期15天。在酒店内进行隔离，隔离区实施封闭管理，隔离人员在隔离期内不得随意进出，每日早晚两次体温测量，隔离期间生活保障由后勤保障组负责。

（3）培训：进入医院前，维保工作组提前与医院维保人员进行沟通交流，掌握相关要求，联合医院负责人员对维保人员进行培训，经培训合格后允许开展维保作业。

（4）食堂用餐：食堂按规定办理卫生许可证，并张贴在食堂显眼处。每一位食堂工作人员均需按要求持有健康证，并将健康证复印件张贴在食堂显眼处。每一位食堂工作人员在食堂工作时必须规范佩戴口罩。食堂配有专用盥洗设备以及专用消毒洗手液。

分批取餐、分散就餐。尽量安排劳务人员分批次就餐，避免人员过于密集，排队就餐时人与人之间的距离应保持1m以上。

食堂指派固定专人外出采购，严格落实消毒杀菌流程后，方可进入食堂作业。

11.3.4 维保风险分级及应急措施

医院机电工程的维保重点是保障各个系统使用安全，功能正常，保障医院救治病人和正常运营的需要。机电工程由以下各系统组成：

（1）给水排水系统：给水系统、排水系统、消火栓系统。

（2）变配电及照明系统：变配电系统、动力系统、照明系统、备用电源系统（柴发）。

（3）通风及空调系统：室外新风系统、室内排风系统、室内空调系统。

（4）弱电系统：网络系统、闭路电视系统。

（5）供氧及医疗设备系统：室外供氧站、室内医疗设备带。

根据各系统的使用功能、频繁程度、故障影响程度，将机电系统故障风险划分为四类，具体见表11-2：

机电系统故障风险 表11-2

序号	风险类别	划分依据	系统类别
1	一类	使用频率高，影响病人或医护人员安全	电力供电系统（主供电系统及医用设备供电回路）； 电力备用电源系统（备用电源切换）； 供氧及医疗设备系统（室外供氧站及室内医疗设备带）； 新风、排风系统（室外新风机及室内排风机）； 消火栓系统（室内消火栓）； 压差监控系统（压差表）
2	二类	使用频率高，影响功能使用	室内空调（室内机及相应电气回路）； 室内热水器（室内机及相应电气回路）； 电力照明系统（普通照明系统及紫外线消毒灯）
3	三类	使用频率高，影响舒适性	排水系统（排水主干管及末端洁具）； 给水系统（末端洁具尤其是龙头供电）
4	四类	使用频率一般，影响舒适性	网络系统及闭路电视系统

对机电系统维护保养采取"维护保养与计划检修相结合"的原则，将故障率降到最低，使机电设备正常发挥应有的性能，为医院的正常营运创造一个良好的环境，主要应对措施见表11-3：

主要应对措施

表 11-3

序号	风险类别	应对控制措施
1	一类	电力供电系统。常发故障为电力回路断电、元器件烧毁。应对措施：一是备足备件，二是增加巡检频率，三是厂家驻场排障
		电力备用电源系统。暂未发生故障，若发生故障，需要工厂及时响应
		供氧及医疗设备系统。常发故障为设备带缺电、设备带无氧气。应对措施：一是进行供电回路巡检，二是进行供应管道巡检
		新风、排风系统。常发故障为皮带更换、电机烧毁、新风机入口进垃圾。应对措施：一是备足备件，二是增加巡检频率，三是厂家驻场排障
		消火栓系统。常发故障为消火栓系统无水。加强给水系统巡检频率，及时排障
		压差监控系统。暂无故障，应对措施为日常巡检，及时排除故障
2	二类	室内空调。常发故障为主板烧毁，应对措施：一是备足备件，二是进行动力回路检修
		室内热水器。常发故障为主板烧毁，应对措施：一是备足备件，二是进行动力回路检修
		电力照明系统。常见故障为灯管烧毁，应对措施：一是备足备件，二是值班人员及时更换
3	三类	排水系统。常发故障为管路堵塞，应对措施：一是告知病房人员不要丢杂物至末端洁具，二是维保人员及时疏通
		给水系统。常发故障为水龙头断水，应对措施，花洒损坏：一是备足电池（5号），二是备足备件及时更换
4	四类	网络系统及闭路电视系统。常发故障为电视机坏，应对措施为备足备件，及时排除故障
5	共性问题	各设备工厂响应措施
		指定24小时维保值班人员
		充分准备维修备用零件及维修工具

第十二章

应急医院建设项目总承包知识管理

应急工程EPC总承包项目，在紧张的策划阶段，需要考虑将承包商的知识应用到具体项目中，在建设完成项目过程中，通过知识管理将本项目中的创新点、经验、教训等予以总结和积累，形成并充实应急工程知识。有效及时的知识管理可以促进项目的发展，提高企业的核心竞争力。

12.1 知识管理理论

12.1.1 知识的定义与分类

1.知识的定义

知识的定义是通过学习、实践或探索所获得的认知、判断或技能。知识可以包括实施知识、原理知识、技能知识和人际知识。知识可以是显性的，也可以是隐性的；可以是组织的，也可以是个人的。

2.知识的分类

现阶段学术界普遍将知识分为两个维度：隐性知识和显性知识（表12-1）。隐性知识根植于行为、经验并涉及具体的情境，包括认知因素和技术因素。认知因素指的就是个人的思维模型，包括思维导图、信仰、范例和观点。技术因素包括具体的技能、技艺和应用于具体情境下的能力。显性知识可以用符号或者自然语言的形式来阐述、编码以及交流。

特性	隐性	显性
本质	想象力、创意、经验或技巧，无法清楚表达，很主观	能通过编码显现，并清楚表达，较为客观
正式化程度	不容易记录、传播和说明	能利用正式的文字、图表等进行系统性的说明和传播
形成的过程	由实践经验、身体力行及不断试验中学习积累	对于信息的研读、了解、推理与分析
存储地点	人类的大脑	文件、资料库、图表和网页等地方
媒介需求	需要丰富的沟通媒介，例如面对沟通或通过视频会议传递	可以利用电子文件传送，如Email等，不需要太丰富、复杂的人际互动
重要运用	对于突发性、新问题的预测、解决并创新	可以有效地完成结构化工作，例如工作手册的制定
案例	安全生产检查、文明施工各项得分	安全文明总评分、现场问题、易扣分项、经验总结

12.1.2 知识管理的基础理论

1.知识管理的定义

知识管理被定义为对知识、知识创造过程和知识的应用进行规划和管理的活动。知识管理具有外部化、内部化、中介化和认知化四种基本功能，分别表示从外部获取知识并进行分类和组织、内部知识转移、为知识寻求者提供知识来源、将上述三种功能所获得的知识加以应用，通过对企业各种知识的管理，可以帮助企业发展内部知识交流和应用的技术、结构和系统，让企业中的各种信息、能量、物质以知识的形式得以获取、存储、更新、创新，完成知识积累并提高企业的创新能力。

2.知识管理的内涵

知识管理的内涵包括狭义和广义两层，狭义的知识管理主要是指针对知识本身的管理。广义的知识管理不仅包括对知识的管理，还包括对与知识相关的各种资源进行的管理，包括人员、组织和知识资产等全过程的管理。其内涵可以从以下几个方面来理解：

（1）知识管理是一个动态的过程。知识管理是对知识及知识过程的管理，它围绕着知识的定义、获取、存储、分享、转移、利用和评价循环进行。

（2）知识管理涉及组织的所有活动，需要采取各种有效的手段。知识管理不是单独处于组织的某个活动或者某个活动的环节上，而是牵涉组织的每个经营管理活动。

（3）组织的知识管理不仅涉及对知识本身的管理，还涉及组织以外的知识。组织中的知识管理不是孤立的，组织还应注重组织外部的、与组织的各种活动有关的知识。如项目中参建各方的知识、国家相关的政策法规等。

（4）知识管理的目标应与组织的目标一致，即创造价值。任何管理方式都是组织实现其目标的手段，知识管理也不例外。

3.知识管理的概念模型

知识管理应根据组织的核心业务，鉴别组织的知识资产，开展管理活动：鉴别知识、创造知识、获取知识、存储知识、共享知识和使用知识。知识管理的实施，应从三个维度建设组织内的知识管理基础设施，即组织文化、技术设施、组织结构和制度。

12.1.3 知识管理的基本流程

知识管理在企业中的应用主要包括知识鉴别、知识创造、知识获取、知识存储、知识共享、知识应用六个过程。

1.知识鉴别

知识鉴别是知识管理中的一个关键的战略性步骤，在知识获取之前开展。知识鉴别主要根据组织目标，分析知识需求，包括对已有知识的分析和尚缺乏的知识的分析，适用于组织层次战略性的知识需求。开展这一活动的方法可包括：

（1）知识战略规划：基于组织的战略，通过系统梳理组织战略级的知识领域，分析关键知识领域状态，找出相应提升行动计划，从而支撑业务发展的一整套"知识规划"的方法、流程及工具。

（2）情景规划：组织根据知识管理战略需求先设计几种未来可能发生的情形，接着再去想象会有哪些意料不到的情况发生及相应的解决方法。

（3）业务流程分析：对业务功能分析的进一步细化，从而得到业务流程图，用于形成合理、科学的组织业务流程，从而帮助识别业务流程中产生知识的环节。

（4）产品和服务的知识需求分析。

（5）知识搜索：是建立在以组织需求为基础上的知识整合传播工具，包括完善的互动机制，例如评价、交流、修改等方法。

（6）知识地图：一种帮助用户知道在什么地方能够找到知识的知识管理工具。

（7）头脑风暴法：在知识管理过程中无限制的自由联想和讨论，用于产生新观念或激发创新设想。

2.知识创造

知识创造是知识的创新活动，可能发生在组织运营的整个过程中。它需要全体员工的积极参与，进而改善业务经营过程中的各个环节。知识创造帮助组织实现整体知识规模的拓展以及知识质量的提升，更好地为提高组织效益服务。

知识创造有多种不同的方法。在个人和小组层面，可以通过从实践中学习，联合解决问题或头脑风暴法。在团体或组织机构层面，可以通过促进个人之间的交互，营造有利于知识交流和分享的氛围和场所，以及创造新的产品知识和服务来实现。

3.知识获取

知识获取的过程，是指对现有的知识进行收集、分类和存储的过程。对隐性知识和显性知识的学习、理解、认识、选择、整理、汇集、分类，满足组织业务对知识的需求。知识获取的方法分为主动式和被动式两大类。主动式知识获取也称为知识的"直接获取"，是知识处理系统根据该领域专家给出的数据与资料，利用诸如归纳程序之类的工具软件直接自动获取或产生知识并装入知识库。被动式知识获取亦称知识的"间接获取"，往往是间接通过一个中介人并采用知识编辑器之类的工具，把知识传授给知识处理系统。主要方法可包括：

（1）知识搜索。

（2）知识购买。

（3）知识分类和编码：在对知识进行调研的基础上，采用各种分类法对知识进行分类，得到知识分类体系，在此基础上对知识进行编码，有时也可以开发相应的计算机辅助分类编码系统，用于解决知识的交流与共享。

（4）知识整理：对组织内外部的知识进行整理。

4.知识存储

在组织中建立知识库，将知识存储于组织内部。知识库应包括显性知识和存储在人们头脑中的隐性知识。此外，知识也可以存储在组织的活动程序中。对知识进行有序组织是知识存储的前提。开展这一活动的方法可包括：

（1）元数据设计。

（2）知识目录和索引。

（3）权限的设计（知识库的设计方法）。

（4）数据库设计方法。

5.知识共享

知识共享，指通过知识交流而扩展企业整体知识储备的过程。通过知识的交流传递，将个人或团体的知识扩散到组织系统中，使知识得到进一步扩展。一般来讲，企业可以通过以下几种交流方式来分享知识：第一种是人与人之间直接交流的方式，这也是最传统的知识交流和学习方式，如研讨会、学习会、企业培训等；第二种方式是通过网络进行交流的学习方式，如讨论组、聊天室、电子会议、电子邮件等；第三种是利用知识库进行学习的方式，比如传统的利用图书馆的学习以及 E—learning 等。根据知识的不同类型，可以把企业的知识共享行为分成显性知识共享以及隐性知识共享两类。

6.知识应用

知识应用的过程，主要是指利用知识生产过程而得到的显性知识去解决问题的过程。通过对知识的合理有效地应用，挖掘发挥知识的价值，实现企业的目标。具体实践的方法包括：

（1）将已有的知识应用到组织的相应业务过程和相应业务部门。

（2）在应用过程中，提出新知识的需求。

12.2 应急医院建设项目知识管理

12.2.1 应急建设项目知识的构成

按建设项目全过程生命周期分为项目建设前、建设中及建设后的知识构成：

（1）项目建设前需要获取或应用的知识包括：总承包的相关的管理制度及措施；企业的技术标准或统一技术措施；可借鉴的类似项目的经验教训。

（2）项目建设中及建设后可积累的知识包括：工艺、设备、方法、技术、信息、管理等方面的创新；获得具有项目指导能力的高技能人才信息；投入使用后的调查收集意见和建议；项目管理经验总结；相关的管理制度的完善。

按知识的分类将应急建设项目的知识分为显性知识与隐性知识，其中显性知识以项目建设过程中的档案管理为代表，隐性知识包括专家经验、设计方突破常规、突破设计规范的一些（经验）做法，施工方技术管理人员组织管理等，具体见表12-2。

12.2.2 应急建设项目的档案管理

建设工程档案具有成果的成套性、形成领域的广泛性、内容的专业性、利用的实效性、管理的动态性和记录形式的多样性等特点。它是项目建设、运行、维护、改造必不可少的可靠依据，也是实施项目监管的重要依据。

知识分类		知识来源
显性知识	设计图纸	项目资料库
	施工组织设计及方案	
	施工资料	
	竣工验收资料	
	企业的项目管理制度	企业资料库
	企业的技术措施	
隐性知识	疫情背景下项目决策经验	专家
	疫情背景下项目的设计管理经验	
	疫情背景下项目的施工管理经验	
	疫情背景下项目的采购管理经验	
	类似项目的管理经验	成果库

沈阳市第六人民医院应急 EPC 工程，由于天气恶劣且处在疫情爆发期，在工期极其紧张的情况下，项目立即成立由项目总工、技术员、实验员、资料员、物资管理员等组成的工程档案管理小组，项目总工统一协调管理各项工程档案资料，对工程档案的收集、整理、归档等工作进行全过程监督、检查，并完成对甲方、监理及公司的档案移交工作。

1. 图纸管理

由于该项目的特殊性，设计时间较短，设计院提供了电子版图纸后，立即下发给各专业分包熟悉图纸，同时组织业主、监理、施工及各分包单位在施工现场进行图纸会审，针对现场的施工范围和环境对图纸进行快速的梳理，各单位提出的问题，设计单位现场解答，边设计边施工。节约了出图、审图时间，确保现场能够快速有效的按图施工。

2. 施工组织设计及方案管理

工程施工组织设计作为工期计划、资源组织、技术引领、质量保障措施的支撑依据，在沈阳市第六人民医院应急 EPC 工程的建设中显得尤为重要。在收到首版图纸后，立即编制施工急需的施工组织设计、抢工、卫生防疫、医院原有建筑的成品保护等方案，所有方案均 24 小时内完成编制、审核、签发。由于工期紧张，各专业交叉施工情况复杂，为解决现场施工与方案发生冲突，影响下一道工序施工，技术人员全天在现场进行全覆盖、多方位的技术复核，确保方案服务于现场，加快推进施工速度。

3.施工实验管理

项目在春节期间且疫情爆发的严峻形势下进行施工，期间实验室均处于休假状态，公司调配在沈施工项目先后联系了4家实验室，其中1家实验室同意在特殊时期为应急项目临时调集实验员返岗工作。与此同时，资料小组根据电子版图纸梳理现场施工材料清单，编制检验试验计划，明确检验和试验时间、数量、规格等。提前与相关厂家沟通，准备好见证取样样品，避免因样品缺少导致送试不及时情况发生，确保材料进场即见证取样复试，实验结果以通讯方式告知，省略纸版报告各项中间环节。

针对试验周期较长的材料，通过与监理、实验室沟通，请实验检测人员以材料出厂检测报告及第三方检测报告提供的数据和相关检测规范为依据，在监理单位的见证下进行现场检测，临时检测数据满足要求即可用于现场施工，同时进行见证取样复试，正式标准报告用于归档。

4.施工资料管理

考虑到沈阳市第六人民医院应急EPC工程的特殊性，施工时间紧张，各施工工序穿插复杂，工程档案涉及主体结构、装饰装修、建筑电气、给水排水及采暖、通风空调、智能建筑等多个分部分项工程，且涉及协调联动技术、物资、实验、工程、机电各部门、各专业，贯穿工程施工全过程，环环相扣，缺一不可。资料小组人员分工明确，责任到人，建立微信联系群，及时共享信息，实施全过程跟踪收集、整理。

为降低施工原材料合格证、检验报告等相关证明文件收集时效期，相关资料均通过邮寄或驾车以最快的方式送达现场，再进行梳理核对，保证进场材料质量证明文件齐全、有效，满足各方归档要求。

资料员每天在现场跟踪施工进度，与现场管理人员仔细核对施工节点，避免过程资料错报漏报，现场各项基础资料（如施工记录、隐蔽验收记录、检验批质量验收记录）均与工程同步，验收签字齐全，分部分项汇总整理及时、有效、完整。

5.影像档案管理

充分考虑到沈阳市第六人民医院应急EPC工程的特殊性，项目开工伊始，编制了《影像档案管理实施细则》，并落实相关人员留存影像档案，为类似项目提供借鉴作用。

现场各专业人员拍摄施工照片及视频，每张照片和视频均备注拍摄者、时间、施工部位等内容。并按照施工前、施工过程、竣工验收三个阶段的时间顺序分类整理、留存。

将签章齐全的工程档案资料进行PDF扫描，并按照案卷及卷内目录分类保存归档，与纸质档案编号统一，刻录光盘保存，便于检索利用。

6.竣工验收及档案移交

工程按照合同约定及设计要求完成所有分部工程施工内容，单位工程质量控制资料齐全、有效，安全和功能的检测、主要功能项目的抽查结果符合相关专业验收规范的规定，单位工程观感质量良好，工程资料签章手续齐全，符合要求，自检合格。

建设单位邀请质量监督人员，组织勘察、设计、施工、监理等单位相关人员组成验收小组，对工程进行联合验收，验收合格。

鉴于改造工程的特殊性，建设主管部门未要求入城建档案馆，但公司仍将施工过程发生的设计图纸、纸质档案、电子档案、影像档案按照档案管理相关规定整理，移交建设单位、监理单位及公司档案室，为项目运行、维护提供必不可少的依据，同时为后续类似项目建设提供借鉴作用。

12.2.3 隐性知识的挖掘与显性化

应急医院建设项目过程中，企业挖掘专家经验等隐性知识时，采用会议沟通、现场指挥等途径，推进建设项目顺利进行。在项目建设完成后，通过其他方法挖掘与显性化建设项目相关的隐性知识，具体建议如下：

1.创建"学习型组织"，充分发挥知识团队的作用

传统企业的组织结构，是按照刚性管理的要求设计实施的，企业内部的沟通有着很难跨越的层级鸿沟，这种组织模式阻断了员工之间的交流，给隐性知识的共享设置了障碍。而"学习型企业"是激励员工通过组织的学习，不断获得知识资源，更新知识和创造知识的组织结构，它提倡的是组织的学习和交流，充分发挥知识团队的高效率。这样的组织结构，为发现、认识和交流隐性知识创造了条件，它使企业的各阶层的员工在组织学习中面对面地相互交流，通过这种交流，把未来属于个人拥有或未被认识的隐性知识发掘出来，并在组织中传递和转移，从而达到隐性知识挖掘与显性化的目的。

2.构建企业内部的知识市场

知识的流动必须在一定的推动力下才能实现，而这个推动力在很大程度上是由市场产生的。和有形商品一样，企业内部的知识也有买方、卖方和中介者，亦可构成市场。企业内部知识的买方是那些为了解决问题而寻找知识的员工。所寻找的知识能帮助他们更有效地完成任务，或者提高他们的判断力和技能，也就是能帮助他们在工作中取得更大的成功；卖方是组织内掌握了某些方面知识的人，这些人用他们所拥有的知识来换取薪水、声誉和地位等；中介者把需要知识和拥有知识的人联系在一起。从广义上来说，很多跨部门的管理人员就是知识市场的中介者，企业的图书管理人员或信息管理人员也是潜在的中介者，这些人建立了企业内部人与人之间和人与书之间的联系，他们经常到各个部门"串门"，经常与人"闲聊"，这些恰恰是中介者促进企业内部知识市场活跃的重要因素。

3.通过利益驱动，促进隐性知识挖掘和显性化

企业的隐性知识是动态的，它是一切创新知识的源泉。隐性知识的形成，是个人的经验、对事物的感悟和深层次的理解等方面的长期积累和创造，是投入了巨大成本的。知识垄断下的利润是成本回收的保证。员工在知识问题上，会对垄断利益与补偿利益进行比较，选择其中的高额者。为了保障知识拥有者的利益，企业就应制定相应的补偿制度，并且使补偿额度高于垄断利益，用利益来驱动隐性知识的挖掘利用。例如，可将每位员工为企业知识平台提供知识元素的数量或解答他人提出问题的次数等与薪金、升职或表彰挂钩，对员工的知识共享给予各方面的补偿，从而充分调动员工隐性知识共享的热情。企业还可以采用补贴个人投资支出的方式，鼓励隐性知识的共享。补贴额以创新投资额为难。这样，员工个人在不同的工作岗位上得到不同的新知识激励，从个人兴趣出发研究新的知识，然后可以从企业获得成本补偿，避免了知识垄断。企业既鼓励了员工个人的创新投资，又保证了知识的共享。

第十三章

经验总结

13.1 工程组织创新

13.1.1 集成设计、施工、采购一体的EPC总承包模式

应急医院工程建设周期短、专业性强、质量要求高，宜选择EPC总承包管理模式。EPC项目管理总承包方负责整个项目的实施过程，有利于整个项目的统筹规划和协同运作，可以有效解决设计与施工的衔接问题，减少采购与施工的中间环节，顺利解决施工方案中实用性、技术性、安全性之间的矛盾。

应急医院EPC总承包项目应以设计为重点，以工期为主线，以全专业为抓手，结合资源配置、施工环境、属地要求进行整体部署和实施，实现极端工期的项目建设。

13.1.2 强纵向、弱横向的矩阵式组织结构

应急工程宜选择矩阵式组织结构进行项目管理。矩阵式组织结构机动、灵活，可随项目的开发与结束进行组织或解散；它具有双道命令系统，加强了不同部门之间的配合和信息交流，提高了工作效率和反应速度，减少了工作层次和决策环节，非常适合应急工程的组织管理。

同时，在应急工程的执行与具体实施过程中，应该确定纵向指令在矩阵式组织结构中的主导地位，能够降低沟通时间成本，更好地提高项目执行的效率，保证在最短的时间内高质量完成应急工程项目。

13.2 设计管理

13.2.1 建立应急工程设计资源库

应急工程工期极短，留给设计的时间更是能少则少，对于具有类似工程设计经验的设计人才和类似工程的设计素材的需求更为迫切。

公司层面应建立应急工程人才库，包括建筑、结构、暖通、电气、智能化等常规的设计专业，也要特别注重医疗等专业设计人才的储备，便于应急项目快速组织设计人才。

公司层面建立设计素材库，将以往的设计图纸分类保存，另外建立通用设计模块或应急工程专业模块，尽量全面搜集各个专业通用节点、特殊节点建立电子图册，以便绘图时可直接套用，提高设计速度。

13.2.2 加强设计各专业之间及设计与资源、施工联动

考虑应急医院建设的特殊性，在设计阶段应组织使用方——医院与施工方医疗专业队伍深入对接，明确医疗专业的特殊需求，以便建筑设计、结构设计、机电设计、精装修设计工作在设计初期掌握设计注意要点，避免发生后期拆改影响使用功能、延误工期等问题。

应急工程设计受地域、市场资源、工程的启动时间、项目所处的环境、项目的功能性需求等影响非常大，设计阶段通用技术要求应在满足使用功能的前提下考虑市场资源、施工的便捷性、特殊环境下施工的可行性等。

针对应急工程设计及施工的特点，在设计工作中主要有以下几点建议：

（1）新建建筑宜选用装配式结构等可模块化施工的结构形式，以满足工期需求。

（2）旧楼改造不宜选择建设年代较久的砖混结构。宜选择相对独立且具有一定私密性的建筑，不可对周围居民造成恐慌，建筑所处位置要有良好的通风。

（3）改建应急医疗设施尽量不改变原有结构受力体系，可以新增辅助钢结构构件或辅助钢结构体系，减少土建加固量，缩短工期。

13.3 招采管理

1.完善资源管控、评价体系

强化公司与各区域各项目之间的业务系统沟通，不断完善公司现有专业分

包、劳务分包、供应商资源库，做大、做实资源库储备力度，确保随时随地都有优秀的备用供应商、劳务公司。

2.建立快速应急管控流程

应急工程无法按照常规流程开展招采工作，应建立适合应急条件下的流程管控方案，如应急工程可采用当时洽商、当时签订合同、当时支付预付款、当时组织进场的运作模式，在确保所有物资供应手续规范、程序合规，把控流程不遗漏，手续尽量不后补的前提下，确保供方资源顺利进场。

3.依托信息化手段，做好供货商选择

针对各类材料，依托公司集采平台以及云筑网，将能够供货的单位全部纳入应急工程供方清单，统一管理，提前通过电话视频等方式摸查各供方实际储备及供货能力。先筛选出能够满足供应的单位，在能够供应的单位里面选择距离近、供应迅速的供应商，三用两备，保证材料进场不因任何原因出现断档。

13.4 建造管理

13.4.1 资源管理

1.建立应急工程人才库，强化突击履约能力

应急工程由于其特殊性质，对于人员选用要求较高，公司应建立应急工程人才库，将参加此次工作的全体人员纳入公司应急工程人才库，分履约、成控、支撑体系，每个体系可细化专业、管理岗位等。在此基础上再增加相应专业的技术人员，在以后可能承接的各个应急工程中以老带新，形成该人才库的有序更新，逐步形成一支专挑硬骨头啃能打硬仗的队伍，能够加快提高突击履约的能力。

2.建立应急特殊时期劳务实名制管理体系

极端工期对劳务实名制管理提出了很大挑战，疫情条件下应建立特殊时期劳务实名制管理体系，如简化进场流程、采用签工结算、精准管理等手段。劳务施工公司的实名制管理工作指定到每个管理人员头上，避免出现混乱以及串工、混工等现象。同时要及时与劳务人员依法签订书面劳动合同，明确双方的权利与义务，并及时向劳务施工人员进行双方权利义务的宣贯。应将劳务人员花名册、身份证、劳动合同文本、岗位技能证书复印件进行存档，确保资料的真实、完整、有效、及时，并确保人、册、证、合同相符。人员有变动的要及时变动花名册，并将变更资料留存。无身份证、无劳动合同、无岗位证书的"三无"人员不得进入施工现场。

3.加强现场物资管控

应急工程工期短，物资种类多，应细化物资管理方案，确保不浪费、不遗漏，证明材料齐全；合理规划进出场时间，满足现场施工需要的同时，要尽快组织退场，这样既节约现场堆放场地又可节约费用。

13.4.2 组织管理

主体施工、机电安装、装饰装修、改造工程同时施工，对于全专业协调要求高，主要体现在医院工程要求多，医疗专业图纸不确定，施工过程中交叉作业多，设计图纸不全、医疗专业多等方面。应从动线规划、系统设计、施工界面等多方面对工作进行分解，明确工作界面，把控整体施工节奏。

13.4.3 工期管理

建立以总承包单位为中心的组织系统和目标控制体系，强化总承包管理，将所有参与本工程施工的各专业力量集中，控制在总承包的统一部署下，及时同有关分项队伍互通信息，掌握施工动态，协调内部各专业工种之间的工作，注意后续工序的准备，布置工序之间的交接，及时解决施工中出现的各类问题，促成各专业几近同步地完成各自的施工任务。

应急工程要求在极短时间内完成整个工程建设，对工期管理要求极高。边设计、边招采、边施工，三者紧密结合以达到缩短工期的目的。设计方案的选择充分考虑资源有没有，施工快不快；资源采购和现场施工必须符合设计要求，当难以实现时及时与设计沟通共同研究确定最优设计方案。

制定设计计划、招采计划、进度计划、方案计划，并逐项细化，应急工程各项计划应细化到小时，细化到各个专业、各个工序、各个方案。设计人员、管理人员、现场工人实行24小时轮班工作制，做到人休工不停。

13.4.4 商务管理

简化合同签订流程，针对合同主要内容洽商达成一致后，进行草签（可纸板草签也可签订电子协议）即安排进场，在施工过程中完成正式合同签订。

选用适合的合同模式，应急工程因时间紧迫常常采用成本加酬金的合同模式。

该模式下应做好各项过程资料的整理，确保资料完整、准确，作为后期结算的依据。

13.4.5 知识管理

应急工程因其特殊性，且常常采用成本加酬金的模式，对过程资料要求极高，项目采用常规的管理加影像档案资料管理相结合的方式，施工全过程安排专人进行影像资料的采集和整理，为工程验收、结算提供证据，也为同类工程施工留下宝贵的借鉴经验。

参考文献

[1] 中华人民共和国建设部. 关于培育发展工程总承包和工程项目管理企业的指导意见，建市〔2003〕30号.

[2] 连惠萍，孙其龙. 国际承包EPC合同模式应用分析[J]. 黄河水利职业技术学院学报，2004（3）：45-6+51.

[3] 张豪，王佳，张圆. 北京小汤山医院应急战略储备病房——基于装配式模块化箱式房屋设计实践的思考[J]. 建筑创作，2020（4）：120-7.

[4] 蒲盛，尹青，谢伟. 装配式钢结构体系发展现状及应用前景分析[J] 科技创新导报，2019，16（28）：165+7.

[5] 于晓田. 业主视角下EPC总承包项目前期投资管控研究[D].天津：天津理工大学，2019.

[6] 陆成伟. 抗震支吊架的应用技术[J]. 工程抗震与加固改造，2017，39（S1）：133-7.

[7] 戴维梁，吴晶. 浅议EPC工程总承包管理模式在应急工程中的应用[J].水利建设与管理.2015，35（9）：51-3.

[8] 史建华. 薄壁不锈钢管环压式连接施工技术安装[J]. Installation，2019（11）：40-2.

[9] 朱毅，李吉勤，魏焱，等. 基于总承包商视角的EPC国际工程风险因素分级研究[J]. 工程管理学报，2012，26（5）：1-6.

[10] 樊飞军.EPC工程总承包管理在项目中的应用与探讨[J]. 建筑经济，2006（9）：49-51.

[11] 陈偲勤.EPC总承包模式中的设计管理研究[D].重庆：重庆大学，2010.

[12] 张水波，庞定惠.FIDIC新版合同条件的特点与应用范围[J].中国港湾建设，2001（2）：50-2.

[13] 姚雪.国外工程建设项目EPC总承包模式发展实践探析[J].科技创新与应用[J]，2018（4）：172-4.

[14] 李启明，邓小鹏，吴伟巍，等.国际工程管理[M].南京：东南大学出版社.

[15] 赵桢.EPC项目矩阵式组织结构管理浅谈[J].化工管理，2016（27）：33+5.

[16] 王爱爱.现代工程项目管理组织结构的设计研究[J].内蒙古石油化工，2019，45（5）：28-30.

[17] 叶开仙.矩阵式管理下项目管理实践探讨[J].科技创业月刊，2018，31（12）：128-31.

[18] 刘卫华，张庆武.浅谈应急工程项目管理与风险控制[J].湖南水利水电，2013（4）：85-7.

[19] 陈天骄.业主方建设工程项目管理组织模式[J].建设监理，2016（1）：18-21+4.

[20] 梁文国.我国工程项目合同管理研究[J].财经问题研究，2014（S1）：193-6.

[21] 郭妍.工程合同管理[J].价值工程，2017，36（19）：51-3.

[22] 王亚洲，林健.人力资源管理实践、知识管理导向与企业绩效[J].科研管理，2014，35（2）：136-44.

[23] 宋彩霞.科研院所的知识管理探析[J].数字通信世界，2020（6）：249+55.

[24] 孟丁磊，王宇.国内知识管理理论的发展[J].现代情报，2007（8）：16-7+21.

[25] 储节旺，郭春侠，陈亮.国内外知识管理流程研究述评[J].情报理论与实践，2007（6）：858-61.

[26] 左雷高，彭文明，陈东升.EPC总承包项目的设计管理与激励机制研究[J].水电站设计，2020，36（3）：84-6+99.

[27] 张云龙，罗宁，曾龙.EPC总承包项目设计管理[J].住宅与房地产，2019（3）：122-4.

[28] 张剑楠，丁浩.EPC总承包项目的设计管控探讨[J].西部交通科技，2018（5）：70-4.

[29] 李岭昌.EPC项目管理模式下设计管控与提前介入[J].四川水泥，2020（3）：247.

[30] 李颂东.EPC总承包模式设计管理研究[J].建筑经济，2012（7）：68-70.

[31] 王艳华，熊平，庞向锦，等.工程总承包项目全过程管理流程解析[J].项目管理技术，2019，17（6）：110-4.

[32] 白娟，蒋志国.EPC模式下的变更管理研究——基于与DBB模式的对比[J].价值工程，2020，39（7）：40-2.

[33] 石林林，丰景春.DB模式与EPC模式的对比研究[J].工程管理学报，2014，28（6）：81-5.

[34] 董志涛.EPC总承包模式下的项目设计管理[J].中国高新技术企业，2012（13）：158-60.

[35] 裔小秋.EPC总承包模式下的业主合同管理研究与实践[D].郑州：郑州大学，2016.

[36] 连惠萍，孙其龙.国际承包EPC合同模式应用分析[J].黄河水利职业技术学院学报，2004（3）：45-6+51.

[37] 高胜媛.EPC项目总承包商组织界面管理研究[D].南京：南京林业大学，2018.